열통계 물리학의 미학

李喜濟 지음

홍릉과학출판사

차례

서론

열역학은 어떤 계(system)에 열을 가하여 일(work)로 바꾸든지 계에 일을 작용하여 열을 발생시키든지 하는 변환작용을 연구하는 학문이다. 열이라는 개념은 계의 체적, 온도, 에너지 등의 다른 상태변수(state variable) 등과 연관되어서 이해되어야 할 개념인데, 에너지의 흐름이라고 할 수 있으며, 계에서 주위(surrounding)로 또는 주위에서 계로 전달되는 과도기적 물리량이다. 일도 열과 비슷한 과도기적 물리량으로서 열과 일은 상태변수 도면 상에서 좌표로 나타낼 수 없으므로 장(field)의 기술법을 적용할 수 없는 것이 그 수학적 특수성이다. 열역학은 위 두 가지 전달적 물리량과 장의 기술법으로 나타낼 수 있는 다른 상태 변수들을 서로 연관시켜 수학적 서술을 전개하는 물리학 이라고 할 수 있다. 열역학에서 이러한 수학적 서술이 가능한 이유는 -열이 장의 서술법을 따르지 않음에도 불구하고- 열 대신에 엔트로피라는 장의 서술법을 따르는 상태변수가 발견되었기 때문이다. 열역학적으로 엔트로피의 발견 과정을 이해하는 것이 열역학에서의 중요한 공부 대상이다. 수학적으로 엔트로피라는 미분 가능한 상태함수가 존재한다는 것을 제1법칙으로부터 Caratheodory가 증명하였다.

위에서 서술한 열역학의 정의는 지나치게 고전적이다. 과학사적으로 보았을 때 이러한 열역학의 개념은 19세기의 에너지주의자들의 개념에만 충실한 열역학의 정의이다. 이러한 정의를 포괄하면서도 진일보한 개념으로 한 차원 더 발전시킨 사람이 Ludwig Boltzmann이다. 그는 열에 대한 새로운 개념을 도입하였으며, 이 신개념에서 유도되는 물리량이 엔트로피이다. 열은 열역학 계의 미시적 내부구조를 지배하는 분자의 미시적 상태와 연관된 양으로서, 많은 수($\sim 10^{23}$개)의 분자를 대상으로 하는 물리적 대상에 대해서는 통계의 수단을 적용할 수밖에 없음을 Boltzmann은 간파하였다. 이 때문에 고전 열역학과 통계역학은 동시에 배워야 한다. 이 두 개념은 서로 독립적인 것 같지만, 열역학 제2법칙에서 만나서 통일된 열역학 체계를 완성한다.

열역학 제2법칙은 엔트로피에 대한 보다 심오한 물리적 내용을 포함하고 있다. Carnot, Clausius, Kelvin, Maxwell, Boltzmann 등등 열 통계물리학의 선구적 학자들이 다년간의 연구와 논쟁을 통하여 정립한 법칙이다. Clausius나

Kelvin에 의하면, 엔트로피는 과도기적 물리량 열(δQ)을 그 계의 온도 T로 나눈 양으로 정의된다. 수학적으로 표현하면

$$dS = \frac{\delta Q}{T} \tag{A}$$

이렇게 정의된 엔트로피 S는 다른 상태변수들, 즉 기체의 압력, 계의 에너지, 계의 온도 등이 물리적 개념이 즉각적으로 명확한 양들인 반면, (A) 식으로 나타낸 엔트로피는 그 물리적 실체를 알 수가 없다. 이점이 초보자들이 부딪히는 첫 번째 난관이다.

한편, Boltzmann은 계가 분자의 모임으로 구성되어 있다는 분자구성론의 관점에서 (오늘날에는 이의가 없지만, Boltzmann 당대에서는 많은 저항이 있었다.) 엔트로피를 다음과 같이 수식화하였다.

$$S = k \log \Omega \tag{B}$$

여기에서 핵심적인 양 Ω는 통계물리적 (열역학적이 아닌) 양으로서 이 책에서 자세히 다루어 질 것이다. Ω는 그 계가 갖고 있는 다중도(multiplicity)이다. 대강 이야기 하면 다중도는 동일한 거시적 상태(macrostate)에 대응하는 서로 다른 미시적 상태(microstate)의 수이다. (B) 식을 떠나서 (A) 식을 이해할 수 없다는 것이 저자의 경험이다. 일반물리 과정에서 도입되는 Clausius-Kelvin의 엔트로피 (A)가 통계역학의 고찰을 거쳐 도입된 Boltzmann의 엔트로피 (B), 그리고 (B)가 함축하는 무질서도(degree of disorder)와 같은 것이라고 선언할 때 많은 초보자들이 어려움을 겪는다. 이 책의 중요한 목표 중의 하나가 (A) (B) 두식의 수학적 동일성을 열역학적으로 보이는 것이다. 따라서 이 책의 후반부에서 이에 필요한 기초 통계물리 부분을 다루었다.

열역학 제2법칙의 또 하나의 중요한 내용은 계의 자연과정(spontaneous process)에서는 엔트로피의 변화는 항상 증가한다는 것이다. 천체물리학자 A. Eddington은 이러한 엔트로피의 특성을 "시간의 화살(Time's arrow)"이라고 불렀다. 이러한 엔트로피 특성은 (A)에서 연역해 낼 수 있다. 이와 독립적으로, Boltzmann은 그가 만들어 낸 Boltzmann 방정식으로부터 이러한 엔트로피 증가법칙을 증명할 수 있었다. 그의 유명한 H-정리(Boltzmann's H-theorem)이다. 이 정리

를 섭렵하기 위하여 이 책의 후반부에서 기초적 분자운동론과 Boltzmann 방정식을 다루었다.

열통계물리학의 초보자들이 반드시 짚고 넘어가야 할 개념이 Gibbs의 앙상블(ensemble)의 개념이다. 독자는 이 책의 후반부에서 개진하고 있는 앙상블의 통계물리 부분을 주의깊게 읽어 주기 바란다. 위 (A)와 (B)의 엔트로피에 대한 정의가 물리적으로 상등하다는 것이 앙상블의 계산을 통하여 명확해 질 것이기 때문이다.

이 책은 엔트로피라는 중요한 물리개념을 열 물리에서 따로, 기초통계물리에서 따로, 시간차를 두고 배우는 초보 물리학도들의 고충을 덜어주려는 시도 하에서 집필되었다. 이 두 가지 개념은 한권의 책에서 시간차 없이 배우는 것이 효과적이라는 믿음을 가지고, 학부 물리학도를 염두에 두었다. (A)와 (B)의 접근 방향이 판이함에도 불구하고, 두 개가 일치 하고 상등하다는 것을 경험함으로써, 열역학의 미학을 감상할 기회가 되기를 바라는 마음이다. 물리학의 전달 방법은 필요에 따라 서술적이기도 하고 수식적이기도 하다. 저자는 그때 그때 적합하다고 생각되는 전달 방법을 사용하겠으나, 열통계역학이라는 학문의 특성상 수학적 서술이 많은 비중을 차지할 수밖에 없다. 수학적 수준은 고급미적분을 알고 있으면 충분할 것으로 생각되며 그때 그때 필요에 따라 배경수학을 첨부하였다. 본문 중간 중간에 들어가 있는 예제는 대부분의 경우 풀이를 제공하였다. 본문의 내용을 발전시키는데 반드시 이해하고 넘어가야 할 문제들이므로 거르지 말고 주의깊게 풀어 주기를 바란다.

2016년 10월

공주 금흥동 서실에서

저자 씀

제1장 몇 가지 기본정의

온도(temperature)는 열역학적 평형상태(thermodynamic equilibrium)에 있는 기체에 대하여 정의되는 물리량이다. 이 책에서는 많은 경우 기체라 할 때 단원자 이상기체(monatomic ideal gas)를 지칭한다. 이상기체는 개개의 입자가 운동 에너지만 갖는다고 가정한다. 어떤 입자의 위치 에너지(potential energy)는 그 입자와 여타의 입자 사이의 상호작용 때문에 갖게 되는 에너지이다. 운동에너지는 사적인 에너지이며 위치에너지는 사회 구성원으로서의 에너지라고 할 수 있다. 기체가 충분히 희박하면 위치에너지는 무시할 수 있어서 이상기체에 근접한다. 기체가 평형상태에 있을 때는 분자들의 속도 분포가 Maxwell-Boltzmann 분포에 따른다. 즉 속도 분포함수(distribution function) $f(v)$는 다음과 같이 주어진다.

$$f(\vec{v}) = \left(\frac{m}{2\pi k_B T}\right)^{\frac{3}{2}} e^{-\frac{mv^2}{2\pi k_B T}} \tag{1.1}$$

여기에서 T는 온도(Kelvin), $k_B = 1.3805 \times 10^{-23}$ Joule/Kelvin (Boltzmann 상수) 이다. m은 분자 한 개의 질량(kg)이고, $v^2 = v_x^2 + v_y^2 + v_z^2$은 3차원 공간에서의 속도의 절대치이다.
(1.1)은

$$\int_{-\infty}^{\infty} dv_x \int_{-\infty}^{\infty} dv_y \int_{-\infty}^{\infty} dv_z f(\vec{v}) = 1$$

이 되도록 규격화 되었다. $f(\vec{v})$는 속도 $\vec{v}$에 위치한 작은 체적소에 들어 있는 입자수를 나타낸다. (1.1)에 따라 분자 1개의 운동에너지의 평균치를 계산해 보면

$$\int_{-\infty}^{\infty} \frac{1}{2}mv^2 f(\vec{v})d^3v = \frac{3}{2}k_BT \qquad (d^3v = dv_x dv_y dv_z) \tag{1.2}$$

N개의 입자로 구성된 기체의 내부에너지(internal energy) U는 (1.2)의 N배이다.

$$U = \frac{3}{2}Nk_BT \qquad (N\text{: 계의 분자수}) \tag{1.3}$$

(1.3)은 이상기체의 내부에너지가 온도만의 함수임을 보여 준다. 이 사실은 후에 다른 방법으로 증명할 수 있다. (1.3)에 비추어 볼 때, 이상기체는 그 계의 potential energy(PE)가 0인 경우이다. 계의 PE는 구성입자의 임의의 쌍에 작용하는 인력(또는 척력)의 쌍에 작용하는 PE의 총합이므로 이상기체는 입자간의 PE가 0인 즉, 상호작용 하지 않는 분자의 모임이라고 할 수 있다. 그러나 실제로는 입자간 인력이 작용하므로 이상기체는 근사적 개념이다. 기체의 밀도가 희박하면 이상기체의 가정은 좋은 근사이다.

● **상태변수(State variable, Thermodynamic variable).** 상태변수에는 압력(pressure, p), 계의 체적(volume, V), 계의 분자 수(N) 등이 있다. 이러한 상태변수들은 모두 독립적으로 변할 수는 없고, 기체에 따라 어떤 일반적 관계식에 의하여 연관되어 있다. 이상기체에서는

$$pV = Nk_BT \tag{1.4}$$

를 만족한다. (1.4)를 이상기체의 상태방정식이라고 한다 (equation of state of ideal gas).

(1.4)에서

$$Nk_B = nR \tag{1.5}$$

이라고 놓자. 여기에서 n은 기체의 mole 수이다.

$$\text{mole 수 } n = \frac{N}{N_A} \ (N_A\text{: } Avogadro \text{ 수} = 6.0225 \times 10^{23})$$

따라서 $R = N_A k_B = 8.3143\, Joule/Kelvin\, mole$ 이며, 기체상수(gas constant)라고 부른다. 따라서 (1.4)는 $pV = nRT$. 1 mole의 기체를 생각하면 단순히

$$pV = RT \tag{1.6}$$

라고 쓸 때가 많다.

● 압력. 그림 (1.1)과 같이, 길이 L, 면적 A인 체적에 들어있는 기체를 생각하자. 이 상자의 윗면에 가해지는 압력 p는 다음과 같이 구할 수 있다.

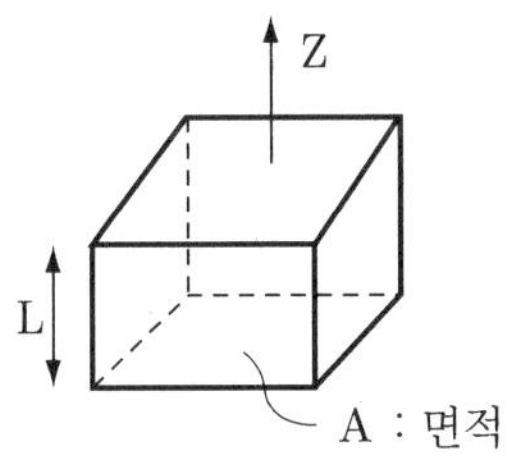

[그림 1.1]

$$p = \text{단위 면적당 받는 힘} = \frac{\text{운동량의 변화}}{A \times \text{시간}} = \frac{2mv_z}{A\Delta t}\frac{N}{2}$$

여기에서 분자의 2는 입자가 반사하기 때문에 2배한 것이고, N의 반을 취한 것은 입자수의 반만이 $+z$방향으로 운동한다고 보기 때문이다. Δt는 입자가 거리 L을 $+z$방향으로 이동하는데 걸리는 시간이다. 즉

$$\Delta t\, v_z = L$$

따라서

$$p = mv_z^2 \frac{N}{AL} = \frac{N}{V} mv_z^2$$

이 식을 분포함수 f를 곱하여 평균을 취해야 하므로

$$p = \frac{N}{V}\int m v_z^2 f(v) d^3v$$

기체가 등방적이면, 즉 어느 특정한 방향으로 구별되는 거동을 보이지 않는다면

$$p = \frac{N}{V}\frac{1}{3}\int m v^2 f(v) d^3v = \frac{N}{V}k_B T \ (cf\ \ (1.2)) \qquad (1.7)$$

이 식은 바로 이상기체의 상태방정식이다.

㈜ 이상기체의 내부에너지에 관한 식 (1.3)은 기체분자의 운동이 이동 모드(translational mode)만 있고 진동(vibrational)이나 회전(rotational)모드는 없다고 가정하였다.

● **상태도면(State diagram). (1.6) 식을 상태도면에서 그려 보자.** 그림 (1.2)에 보인 쌍곡선들은 등온선(isotherm)이다. 계는 상태 A에서 등온과정을 따라 상태 B로 변환되었다. 이 변환과정은 미소변화를 연속적으로 **수행하여 이루어졌다.**

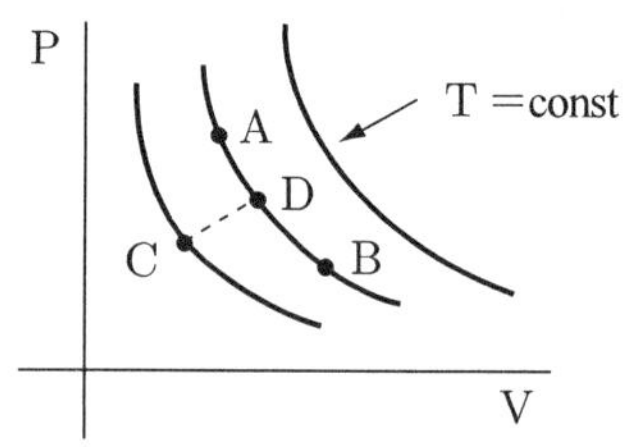

[그림 1.2]

미소변화를 연속적으로 수행하여 이루어진 변환과정을 가역과정(reversible process)이라고 하며, 가역이라는 말 그대로, B에서 A로의 역과정도 가능하다. 상태도면에서 연속적인 곡선에 의하여 이루어지는 변환은 가역과정이다. 비가역과정(irreversible process)은 상태도면에서 연속곡선으로 나타낼 수 없다. 자연과정(spontaneous process)은 비가역과정이며 상태도면에서 과정의 시점과 종점만을 나타낼 수 있을 뿐이다. 변환의 시점과 종점은 서로 다른 평형상태를 나타낸다. 그림 (1.2)에서 점선으로 표시한 C→D로의 변환은 비가역과정을 나타낸 것이다. 열역학적 상태는 $(p,\ T)$ 또는 $(V,\ T)$ 도면을 이용하여 나타낼 수 있고 이러한 도면에서의 가역과정은 선으로 나타낼 수 있다. 가역과정은

평형상태를 파괴하지 않고 이루어지는 미소한 변화가 연속적으로 수행되어 유한한 변환이 달성되었다고 볼 수 있는 가상적 또는 이상적 변환이다.

● **일(work). 계의 기체가 팽창 또는 수축하면 기체는 일을 하게 된다.** 체적의 미소변화(dV)에 의한 미소량의 일 δW는

$$\delta W = -p\,dV \tag{1.8}$$

여기서 δ는 d와 구별하여, 도함수적인 미분이 아님을 나타낸다. 일 W는 상태변수의 함수로 나타낼 수 없기 때문에 상태변수의 미소 변화에 따르는 미소량의 일 같은 것은 없다. 즉

$$dW(A,\ B) = \frac{\partial W}{\partial A}dA + \frac{\partial W}{\partial B}dB \qquad (A,\ B\text{는 상태변수})$$

라는 미분식은 존재하지 않는다. 이러한 식이 성립할 때 dW는 완전미분이다(exact differential). 미소량의 일이 수학적으로 완전 미분이 아님을 강조하기 위하여 'd' 대신 'δ'로 나타내기로 한다. 마찬가지로 미소량의 열도 완전미분이 아님으로 δQ로 나타낸다. δW와 δQ는 모두 과도적 물리량으로서 계에 가해지거나 빼어지거나 하는 물리량들이다. 체적의 변화가 $dV<0$일 때에는 계에 일이 가해진 것을 의미하고, $dV>0$일 때는 계가 외부(surrounding)에 일을 한 것을 의미한다. (1.8) 식에 따라 상태도면에서 유한한 변환에 수반된 일을 계산할 수 있다. 그림 (1.3)에서 상태가 1에서 2로 변환했을 때 계가 한 일은

$$W = -\int_{V_1}^{V_2} p(V)\,dV \tag{1.9}$$

로 계산된다. 상태점 1과 2가 고정되었어도 1, 2를 연결하는 곡선이 다르면 일의 양 W는 달라지므로 일은 상태도면에서 경로유관(path-dependant) 양이다. 계에 유입되거나 유출되는 열량 Q도 경로유관량이다. (1.8)은 역학식이다. 가해진 힘과 변위가 같은 방향인 단순한 경우에 일 = 힘 × 거리 = 압력 × 체적임을 상기하라.

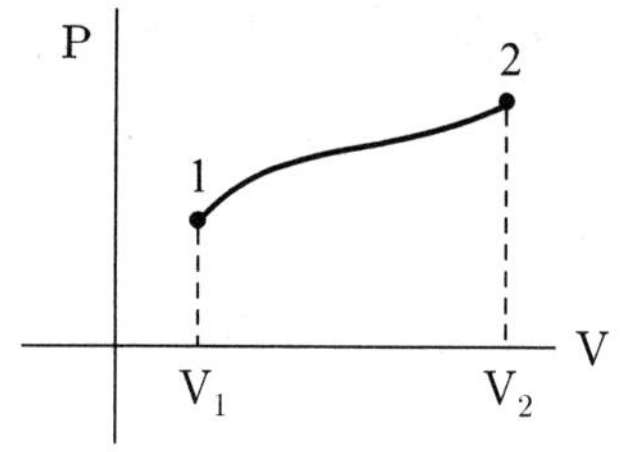

[그림 1.3]

제2장 열역학 제1법칙(The first law)

열역학 제1법칙은 에너지 보존법칙으로서 다음과 같은 수식으로 나타낼 수 있다.

$$dU = \delta Q + \delta W = \delta Q - p\,dV \qquad (2.1)$$

여기에서 내부에너지 U는 어떤 상태변수를 독립변수로 선택하느냐에 따라 $U(T, V)$, $U(p, V)$, $U(T, p)$ 등으로 쓸 수 있으며 U 자체를 상태변수로 택할 수도 있다. 상태도면에서 U는 한 점으로 나타낼 수 있다. (2.1)은 에너지 보존식으로서 내부에너지의 변화는 계에 주입된 열량 δQ와 계에 가해진 일 δW에 의하여 결정된다는 법칙이다. dU는 완전미분으로서 가령

$$dU(T, V) = \left(\frac{\partial U}{\partial T}\right)_V dT + \left(\frac{\partial U}{\partial V}\right)_T dV \qquad (2.2)$$

의 미분식이 성립한다. 첨자 V 또는 T는 편미분을 수행할 때 그 문자로 표시된 변수는 일정하다고 놓고 미분하는 통상의 규칙을 나타낸다. U와 달리 δQ는 (2.2) 형태의 미분식으로 나타낼 수 없다. 이것은 과도기적 물리량 Q를 상태변수의 함수로, 즉 $Q(p, V)$ 같은 식으로 표현할 수 없기 때문이다. δQ는 불완전미분(inexact differential)의 미소량이다. 가령

$$dU(T, V) = F(T, V)dT + G(T, V)dV \qquad (2.3)$$

형태의 열역학 방정식이 있을 때, dU가 완전미분이면 (2.2)이 성립하므로 (2.2)과 (2.3)를 비교했을 때 $F = \frac{\partial U}{\partial T}$, $G = \frac{\partial U}{\partial V}$를 내포한다. 미분의 순서는 바꿀 수 있으므로 (2.3)에서 다음 식이 성립해야 한다. 즉

$$\left(\frac{\partial F}{\partial V}\right)_T = \left(\frac{\partial G}{\partial T}\right)_V \qquad (2.4)$$

(2.4)은 (2.3)와 같은 형태의 방정식에서 dU가 완전미분이 될 필요조건(necessary condition)이다.

예제

$$d\xi(p, V) = pdV + Vdp \tag{2.5}$$

라고 표현되는 양 $\xi(p, V)$가 있다고 하자. $d\xi$는 완전 미분 조건을 만족한다. 따라서 $\xi(p, V)$는 (p, V) 도면에서 좌표의 함수로, 즉 한 점으로 나타낼 수 있다. 그림 (2.1)에서 적분 $\int_1^2 d\xi(p, V)$는 완전미분의 적분이므로 이 적분값은 $\xi(p_2, V_2) - \xi(p_1, V_1)$이며, 경로에 무관하다. 즉, 경로 a에 따라 수행한 적분(선적분; line integral)이나 경로 b에 따라 수행한 적분이나 값이 같다. (2.5)를 일에 관한 식 (1.8)과 비교해 보면 (1.8)에는 Vdp항이 없다. 따라서 W는 완전미분조건을 만족하지 못하는 불완전미분 형태의 미소량이다.

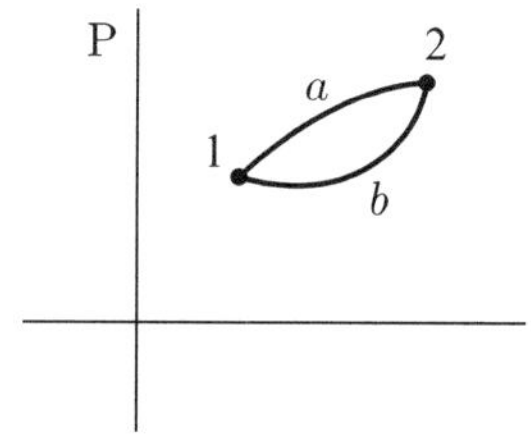

[그림 2.1]

예제 **상태방정식 $pV = RT$를 만족하는 1 mole의 기체가 초기상태 (V_1, T_1) → 최종상태(V_2, T_2)로 변환하였다. 그림 (2.2) 변환경로가 AC일 때와 ABC일 때, p의 변화 Δp를 구하라.**

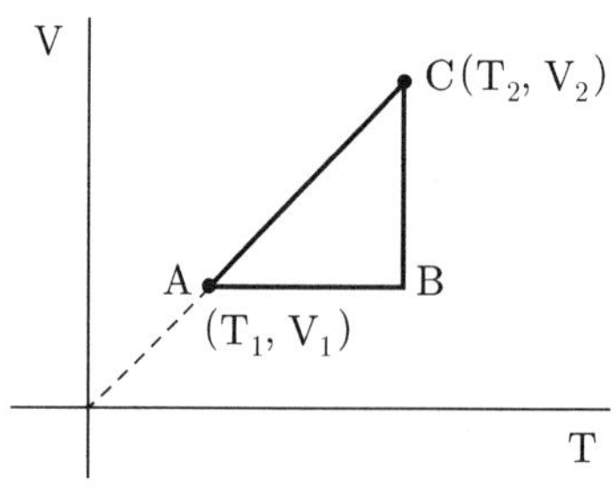

[그림 2.2]

해 $dp = \left(\frac{\partial p}{\partial T}\right)_V dT + \left(\frac{\partial p}{\partial V}\right)_T dV$

$= \frac{R}{V} dT - \frac{RT}{V^2} dV$

경로 AB를 따라서는 $dV = 0$, $V = V_1$이므로

$$\int_{A \to B} dp = \frac{R}{V_1}(T_2 - T_1)$$

경로 BC를 따라서는 $dT = 0$, $T = T_2$이므로

$$\int_{B \to C} dp = -RT_2 \int_{V_1}^{V_2} \frac{dV}{V^2} = RT_2\left(\frac{1}{V_2} - \frac{1}{V_1}\right)$$

위 두 적분값을 합쳐주면

$$\int_{A \to B \to C} dp = R\left(\frac{T_2}{V_2} - \frac{T_1}{V_1}\right)$$

경로 AC를 따를 때는 다음 경로 방정식을 만족한다.

$$V - V_1 = \frac{V_2 - V_1}{T_2 - T_1}(T - T_1) = \frac{\Delta V}{\Delta T}(T - T_1)$$
$$dV = \frac{\Delta V}{\Delta T} dT$$
$$dp = \frac{RV_1 \Delta T}{\Delta V}\frac{dV}{V^2} - RT_1\frac{dV}{V^2}$$

위 식을 적분하면

$$\Delta p = R\left(\frac{T_2}{V_2} - \frac{T_1}{V_1}\right) \tag{2.6}$$

(2.6)은 앞에서 다른 경로적분으로 얻은 결과와 일치한다. 이결과는 $\int_1^2 dp = p_2 - p_1 = R\left(\frac{T_2}{V_2} - \frac{T_1}{V_1}\right)$으로 즉시 구할 수 있다. dp가 완전미분이기 때문이다.

예제 그림 (2.2)에서 계가 경로 AC로 이동했을 때와 경로 ABC로 이동했을 때의 일을 계산하라.

해 $W=\int_{ABC} pdV=\int_{AB} pdV+\int_{BC} pdV$, 여기에서 $\int_{AB} pdV=0\,(dV=0$이므로$)$.

경로 BC에서 $p=RT_2/V$를 쓰면

$$W=\int_{V_1}^{V_2} RT_2\frac{dV}{V}=RT_2\ln\frac{V_2}{V_1}:\ \text{경로 ABC} \tag{2.7}$$

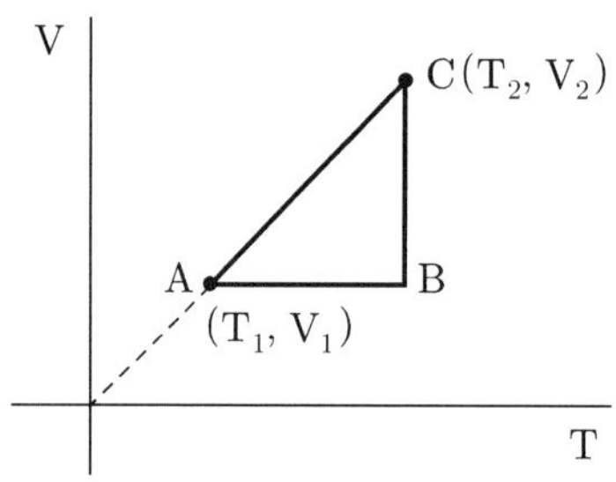

[그림 2.2]

경로 AC를 따라서 경로 방정식은

$$V=V_1+\frac{\triangle V}{\triangle T}(T-T_1)$$
$$T=(V-V_1)\frac{\triangle T}{\triangle V}+T_1$$

$$\begin{aligned}\therefore W &=R\int\frac{T}{V}dV=R\int_{V_1}^{V_2}\frac{dV}{V}[(V-V_1)\frac{\triangle T}{\triangle V}+T_1]\\ &=R\int_{V_1}^{V_2}dV\frac{\triangle T}{\triangle V}+R\int_{V_1}^{V_2}\frac{dV}{V}(T_1-V_1\frac{\triangle T}{\triangle V})=R(\triangle T+\frac{T_1V_2-V_1T_2}{\triangle V}\ln\frac{V_2}{V_1})\end{aligned} \tag{2.8}$$

: 경로 AC

(2.7)과 (2.8)은 다르다. 일이 경로 유관량이기 때문이다.

제1법칙을 이용한 열역학적 계산.

열량 δQ의 자리에 비열(specific heat)을 도입한다. 비열 C는

$$C = \frac{\delta Q}{dT} \tag{2.9}$$

로 정의한다. 여기에서 δQ는 경로에 유관하므로, 상태변화의 과정을 명시 함으로써 보다 구체적으로 정량화할 수 있다. 등적과정(isochoric process)과 등압과정(isobaric process)의 비열이 많이 쓰인다.

$$C_v = \left(\frac{\delta Q}{dT}\right)_V, \quad C_p = \left(\frac{\delta Q}{dT}\right)_p \tag{2.10}$$

등적과정에서는 $\delta W = 0$이므로 제1법칙은

$$dU = \delta Q = C_V dT, \quad U = C_V T \tag{2.11}$$

따라서

$$C_V = \left(\frac{\partial U}{\partial T}\right)_V = \frac{3}{2} Nk_B = \frac{3}{2} nR \ (cf \ (3)) \tag{2.12}$$

따라서 1 mole 당 이상기체의 비열은

$$C_V = \frac{3}{2} R \ (1 \text{ mole 이상기체에 대하여}) \tag{2.13}$$

등압과정에서는 제1법칙은

$$\delta Q = dU + p\,dV \tag{2.14}$$

따라서

$$C_p = \left(\frac{\partial U}{\partial T}\right)_p + p\left(\frac{\partial V}{\partial T}\right)_p \tag{2.15}$$

위 식은(p, T)를 독립변수로 잡았을 때이다. (T, V)를 독립변수로 잡으면 $U = U(T, V)$로 놓고

$$\delta Q = \left(\frac{\partial U}{\partial T}\right)_V dT + \left(\frac{\partial U}{\partial V}\right)_T dV + p\,dV \tag{2.16}$$

$$\therefore C_p = \left(\frac{\partial U}{\partial T}\right)_V + \left[\left(\frac{\partial U}{\partial V}\right)_T + p\right]\left(\frac{\partial V}{\partial T}\right)_p \tag{2.17}$$

(2.17)에 (2.12)를 사용하면

$$C_p - C_V = \left[\left(\frac{\partial U}{\partial V}\right)_T + p\right]\left(\frac{\partial V}{\partial T}\right)_p \tag{2.18}$$

(2.18)을 이상기체에 적용하면 $U = C_V T,\ pV = RT$에서
$\left(\frac{\partial U}{\partial V}\right)_T = 0,\ \left(\frac{\partial V}{\partial T}\right)_p = \frac{R}{p}$이므로

$$C_p - C_V = R,\ C_p = \frac{5}{2}R \text{ (1 mole 이상기체에 대하여)} \tag{2.19}$$

(2.15)에서도 위와 같은 식을 얻는다.

● **비열의 비(ratio of specific heats).** $\gamma = \frac{C_p}{C_V}$로 정의한다. 따라서

$$C_V = \frac{R}{\gamma - 1},\ C_p = \frac{\gamma R}{\gamma - 1} \tag{2.20}$$

● **단열과정(adiabatic process). 열을 차단한 과정이며, 단열과정에서 제1법칙은 다음 식이 된다.**

$$dU + p\,dV = 0$$

즉

$$C_V dT + RT\frac{dV}{V} = 0 \tag{2.21}$$

적분하면

$$TV^{\gamma-1} = const.(\gamma = \frac{5}{3}) \tag{2.22}$$

상태방정식 $pV = RT$를 쓰면 위 식은 다음과 같이 된다.

$$p^{1-\gamma}T^{\gamma} = const. \quad pV^{\gamma} = const. \tag{2.23}$$

● 경로 종속 미분량(path–dependant differential)에 대하여 추가함.

계의 열역학적 상태가 열량 δQ에 의하여 $(p, T) \rightarrow (p+dp, T+dT)$로 이동하였다고 하자. 이때 사용된 열량 δQ는

$$\delta Q = \left(\frac{\delta Q}{dT}\right)_p dT + \left(\frac{\delta Q}{dp}\right)_T dp \tag{2.24}$$

이 식은 (p, T) 도면에서 미소 열량 δQ를 dp와 dT로 표현한 것이다. 같은 변화를 (V, T) 평면에서 생각하면

$$\delta Q = \left(\frac{\delta Q}{dT}\right)_V dT + \left(\frac{\delta Q}{dV}\right)_T dV \tag{2.25}$$

같은 변화를 (p, V) 평면에서 생각하면

$$\delta Q = \left(\frac{\delta Q}{dp}\right)_V dp + \left(\frac{\delta Q}{dV}\right)_p dV \tag{2.26}$$

위 식에서 $p = p(V, T)$의 관계를 가정할 수 있으므로(상태방정식)

$$\left(\frac{\delta Q}{dp}\right)_V = \left(\frac{\delta Q}{dT}\right)_V \left(\frac{\partial T}{\partial p}\right)_V = C_V\left(\frac{\partial T}{\partial p}\right)_V$$

$$\left(\frac{\delta Q}{dV}\right)_p = \left(\frac{\delta Q}{dT}\right)_p \left(\frac{\partial T}{\partial V}\right)_p = C_p \left(\frac{\partial T}{\partial V}\right)_p$$

따라서 (2.26)을 다시 쓰면

$$\delta Q = C_V \left(\frac{\partial T}{\partial p}\right)_V dp + C_p \left(\frac{\partial T}{\partial V}\right)_p dV \tag{2.27}$$

㈜ 이상기체에서는

$$\left(\frac{\partial T}{\partial p}\right)_V = \frac{V}{R},\ \left(\frac{\partial T}{\partial V}\right)_p = \frac{p}{R} \tag{2.28}$$

단열변환이면 ($\delta Q = 0$) (2.27)과 (2.28)은 $pV^{\gamma} = const.$라는 관계식을 준다.

(2.24), (2.25)에 비열을 도입하여 다시 쓰면

$$\delta Q = C_p dT + \left(\frac{\delta Q}{dp}\right)_T dp \tag{2.29}$$

$$\delta Q = C_V dT + \left(\frac{\delta Q}{dV}\right)_T dV \tag{2.30}$$

(2.29)에서 (2.30)을 빼면

$$(C_p - C_V)\, dT + \left(\frac{\delta Q}{dp}\right)_T dp - \left(\frac{\delta Q}{dV}\right)_T dV = 0 \tag{2.31}$$

(2.31)을 등온과정에 적용하면 ($dT = 0$)

$$\left(\frac{\partial p}{\partial V}\right)_T = \left(\frac{\delta Q}{dV}\right)_T \Big/ \left(\frac{\delta Q}{dp}\right)_T \tag{2.32}$$

이 식은 그 자체로 성립하는 항등식이다.

(2.29)를 $(dT)_V$($V = const.$인 선을 따라서 취한 미분 dT)로 나누면

$$\left(\frac{\delta Q}{dT}\right)_V = C_p + \left(\frac{\delta Q}{dp}\right)_T \left(\frac{\partial p}{\partial T}\right)_V \tag{2.33}$$

(2.33)의 좌변은 C_V이므로

$$\left(\frac{\delta Q}{dp}\right)_T = \frac{C_V - C_p}{\left(\frac{\partial p}{\partial T}\right)_V} \tag{2.34}$$

(2.34)를 (2.29)에 대입하면

$$\delta Q = C_p dT + \frac{C_V - C_p}{\left(\frac{\partial p}{\partial T}\right)_V} dp \tag{2.35}$$

단열변화에 대하여 (첨자 'ad'를 쓰기로 한다) 위 식은

$$0 = C_p + \frac{C_V - C_p}{\left(\frac{\partial p}{\partial T}\right)_V}\left(\frac{\partial p}{\partial T}\right)_{ad}$$

즉,

$$\left(\frac{\partial p}{\partial T}\right)_{ad} = \frac{\gamma}{\gamma - 1}\left(\frac{\partial p}{\partial T}\right)_V \tag{2.36}$$

다음 (2.30)을 $(dT)_p$로 나누면

$$\left(\frac{\delta Q}{dT}\right)_p = C_V + \left(\frac{\delta Q}{dV}\right)_T\left(\frac{\partial V}{\partial T}\right)_p$$

즉,

$$C_p = C_V + \left(\frac{\delta Q}{dV}\right)_T\left(\frac{\partial V}{\partial T}\right)_p \tag{2.37}$$

(2.37)을 (2.30)에 사용하여 $\left(\frac{\delta Q}{dV}\right)_T$를 소거하면

$$\delta Q = C_V dT + \frac{C_p - C_V}{\left(\frac{\partial V}{\partial T}\right)_p} dV \tag{2.38}$$

(2.38)을 단열과정에 적용하면

$$\left(\frac{\partial V}{\partial T}\right)_{ad} = \frac{1}{1-\gamma}\left(\frac{\partial V}{\partial T}\right)_p \tag{2.39}$$

(2.29)에서 $\delta Q = 0$으로 놓으면, 다음 단열 관계식을 얻는다.

$$(dp)_{ad} = -C_p(dT)_{ad}/\left(\frac{\delta Q}{dp}\right)_T \tag{2.40}$$

같은 방식으로 (2.30)으로부터 다음 식을 얻는다.

$$(dV)_{ad} = -C_V(dT)_{ad}/\left(\frac{\delta Q}{dV}\right)_T \tag{2.41}$$

(2.40)과 (2.41)의 비를 취하면 [(2.32)도 사용하여]

$$\left(\frac{\partial p}{\partial V}\right)_{ad} = \gamma\left(\frac{\partial p}{\partial V}\right)_T \tag{2.42}$$

(2.36), (2.39), (2.42)가 주 결과로서 단열과정의 편도함수를 다른 과정의 편도함수로 표현하였다. 이 유도에서의 착안점은 변환을 일으키는 열량을 과정에 따라 나눈 것이다. 상태방정식은 사용하지 않았다.

예제 (2.36), (2.39), (2.42)**를 사용하여 이상기체에 대한 단열 관계식**(adiabatic relation)**을 유도하라.**

해 생략

예제 **그림 (2.2)에서 경로에 따라 열량 Q를 계산하라.**

해 $\delta Q = dU + pdV$

$$\int_{ABC} \delta Q = \int_{ABC} (dU + pdV),\ U = C_V T \text{이므로}$$

$$= \int_{ABC} (C_V dT + pdV)$$

$$= C_V\ \Delta T + RT_2\ \ln \frac{V_2}{V_1}\quad [(2.6)\ \text{식 사용}]$$

한편 $\int_{AC} dT$를 계산해보자.

$dT = \frac{\Delta T}{\Delta V} dV$이므로

$$\int_{AC} dT = \Delta T$$

$$\int_{AC} \delta Q = C_V \Delta T + \int_{AC} pdV = C_V \Delta T + R\left[\Delta T + \frac{T_1 V_2 - V_1 T_2}{\Delta V} \ln \frac{V_2}{V_1}\right]$$

위에서 (2.8) 식을 사용하였다. 이 계산에서 내부에너지의 변화는 경로에 무관하고 열량은 일만큼 다름을 알 수 있다.

제3장 열역학 제2법칙(The second law) I

제1법칙 $\delta Q = dU + pdV$에서 $U = U(V, T)$로 보고
$dU = \frac{\partial U}{\partial V} dV + \frac{\partial U}{\partial T} dT$를 쓰면

$$\delta Q = \left(\frac{\partial U}{\partial T}\right)_V dT + \left[\left(\frac{\partial U}{\partial V}\right)_T + p\right] dV$$

$pV = RT$를 사용하고 또 이상기체에 대해서는 $\frac{\partial U}{\partial V} = 0$이므로, 다음 식을 얻는다.

$$\delta Q = \left(\frac{\partial U}{\partial T}\right)_V dT + \frac{R}{V} T dV \tag{3.1}$$

여기에서 δQ는 다음에서 보는 바와같이 완전미분 조건을 만족하지 않는다. 즉
$\frac{\partial}{\partial V}\left(\frac{\partial U}{\partial T}\right)_V = 0$, $\frac{\partial}{\partial T} \frac{R}{V} T = \frac{R}{V}$, 이 둘은 같지않다. 그러나 (3.1)의 양변을 T로 나누면

$$\frac{\delta Q}{T} = \frac{1}{T}\left(\frac{\partial U}{\partial T}\right)_V dT + \frac{R}{V} dV \tag{3.2}$$

여기서 $\frac{\delta Q}{T}$는 완전미분조건을 만족한다. 즉

$$\frac{\partial}{\partial V}\left[\frac{1}{T}\left(\frac{\partial U}{\partial T}\right)_V\right] = 0 = \frac{\partial}{\partial T} \frac{R}{V}$$

㈜ 좌변은 미분의 순서를 바꾸면 $\frac{\partial U}{\partial V} = 0$가 된다.

완전미분 $\frac{\delta Q}{T}$를 dS라고 놓자. S를 **엔트로피**(entropy)라고 한다.

$$\frac{\delta Q}{T} = dS \tag{3.3}$$

S를 도입하여 제1법칙을 쓰면

$$dU = TdS - pdV \tag{3.4}$$

제2법칙은 (3.3)으로 정의된 S의 성질에 관한 것이다. 우선, (3.4)에서 얻을 수 있는 결과에 대해서 논의하자. 이제 S는 다른 상태변수, U, V, p, T 등과 같은 반열에 있는 상태변수들 중의 하나 이다. (3.4)에서 dU가 완전미분이므로 다음 식이 성립한다.

$$\left(\frac{\partial T}{\partial V}\right)_S = -\left(\frac{\partial p}{\partial S}\right)_V \tag{3.5}$$

이 식은 후에 유도하는 Maxwell 관계식 중의 하나이다. Maxwell 관계식은 이미 우리에게 익숙한 상태변수 T, V, p에 S를 추가한 4개의 상태변수들 사이의 편미분 관계식이다. (3.4)에서 $U = U(S, V)$이므로

$dU = \frac{\partial U}{\partial S}dS + \frac{\partial U}{\partial V}dV = TdS - pdV$ 따라서 다음 식이 성립한다.

$$T = \left(\frac{\partial U}{\partial S}\right)_V, \ p = -\left(\frac{\partial U}{\partial V}\right)_S \tag{3.6}$$

(3.6)에서 (3.5)를 확인할 수 있다.

예제 **이상기체의 엔트로피를 구하라.**

해 제1법칙 $dU = \delta Q - pdV$에서 정적 과정을 고려하면 $dU = C_V dT$

제2법칙 $dU = TdS - pdV$은

$dS = C_V\frac{dT}{T} + \frac{p}{T}dV$(기체 1 mole에 대하여) 이 미분식은 완전 미분 조건을 만족한다. 적분하면

$$S = C_V \ln T + R \ln V + S_0 = \ln(T^{C_V} V^R) + S_0 \quad (S_0: const.) \tag{3.7}$$

단열과정은 S가 일정한 과정이기도 하다. 이때는 $T^{C_V} V^R = const.$이다.
이 식이 $TV^{\gamma-1} = const.$됨을 확인할 수 있다.

예제 **이상기체의 상태방정식은 U를 사용하여 $pV = (\gamma - 1)U$가 됨을 보여라.**

해 생략

예제 **(3.7)에 $C_V = C_p - R$, $V = \dfrac{RT}{p}$를 대입하면 다음 식을 얻는다.**

$$S = C_p \ln T - R \ln p + R \ln R + S_0 \tag{3.8}$$

(3.8)을 (3.7)과 독립적으로 증명하라.

해 $C_V dT = TdS - pdV$, $pV = RT$의 미분을 취하면 $pdV = RdT - \dfrac{RT}{p}dp$.

$\therefore\ C_V dT = TdS - RdT + RT\dfrac{dp}{p}$, $TdS = (C_V + R)dT - RT\dfrac{dp}{p}$

$\therefore\ dS = C_p \dfrac{dT}{T} - R\dfrac{dp}{p}$

고로

$$S = C_p \ln T - R \ln p + S_1. \tag{3.9}$$

● dS의 완전성(exactness)에서 도출할 수 있는 결론

다음 일반식 $S = S(T, V)$을 생각하자. 미분을 취하여

$$dS = \frac{\delta Q}{T} = \frac{dU + pdV}{T} = \frac{1}{T}\left[\left(\frac{\partial U}{\partial T}\right)_V dT + \left(\frac{\partial U}{\partial V}\right)_T dV\right] + \frac{p}{T}dV$$

따라서

$$dS = \frac{1}{T}\left(\frac{\partial U}{\partial T}\right)_V dT + \frac{1}{T}\left[\left(\frac{\partial U}{\partial V}\right)_T + p\right]dV$$

여기에서 dS의 완전성 때문에 미분계수 사이에 다음 관계식이 성립한다.

$$\frac{\partial}{\partial V}\left[\frac{1}{T}\left(\frac{\partial U}{\partial T}\right)_V\right]=\frac{\partial}{\partial T}\left[\frac{1}{T}\left(\frac{\partial U}{\partial V}\right)_T+p\right]$$

첨자 V, T는 잠시 생략하고 편미분을 수행하면, 상쇄항들을 없앤 후 다음 식을 얻는다.

$$\left(\frac{\partial U}{\partial V}\right)_T+p=T\left(\frac{\partial p}{\partial T}\right)_V \tag{3.10}$$

(3.10)은 일반식이다. 여기에 이상기체의 상태방정식을 적용하면

$$\left(\frac{\partial p}{\partial T}\right)_V=\frac{R}{V},\ T\left(\frac{\partial p}{\partial T}\right)_V=\frac{RT}{V}=p$$

따라서 $\left(\frac{\partial U}{\partial V}\right)_T=0$, 즉 이상기체의 내부에너지는 체적에 무관하다.

예제 **$dS(p.T)$의 완전성으로부터 다음 등식을 증명하라.**

$$\left(\frac{\partial U}{\partial p}\right)_T=-p\left(\frac{\partial V}{\partial p}\right)_T-T\left(\frac{\partial V}{\partial T}\right)_p \tag{3.11}$$

증명 $dV(p,T)=\frac{\partial V}{\partial p}dp+\frac{\partial V}{\partial T}dT$, $dS=\frac{dU+pdV}{T}$ 이 두식에서 dV를 소거하면

$$dS=\left[\frac{1}{T}\left(\frac{\partial U}{\partial p}\right)_T+\frac{p}{T}\left(\frac{\partial V}{\partial p}\right)_T\right]dp+\left[\frac{1}{T}\left(\frac{\partial U}{\partial T}\right)_p+\frac{p}{T}\left(\frac{\partial V}{\partial T}\right)_p\right]dT$$

dS가 완전 미분이므로

$$\frac{\partial}{\partial T}\left[\frac{1}{T}\left(\frac{\partial U}{\partial p}\right)_T+\frac{p}{T}\left(\frac{\partial V}{\partial p}\right)_T\right]=\frac{\partial}{\partial p}\left[\frac{1}{T}\left(\frac{\partial U}{\partial T}\right)_p+\frac{p}{T}\left(\frac{\partial V}{\partial T}\right)_p\right]$$

위 식을 미분하고 정리하면 (3.11) 식을 얻는다. 이상기체에 대하여 (3.11)은

$$\left(\frac{\partial U}{\partial p}\right)_T=0 \text{ (ideal gas)} \tag{3.12}$$

예제 $dS(p, V)$**의 완전성으로부터 다음 등식을 증명하라.**

$$T=\left[\left(\frac{\partial U}{\partial V}\right)_p+p\right]\left(\frac{\partial T}{\partial p}\right)_V-\left(\frac{\partial U}{\partial p}\right)_V\left(\frac{dT}{dV}\right)_p \tag{3.13}$$

증명 $dS=\dfrac{dU+pdV}{T}$, $dU=\left(\dfrac{\partial U}{\partial p}\right)_V dp+\left(\dfrac{\partial U}{\partial V}\right)_p dV$ 이 두 식에서 dU를 소거하면

$$dS=\frac{1}{T}\left[\left(\frac{\partial U}{\partial p}\right)_V dp+\left(\frac{\partial U}{\partial V}\right)_p dV+pdV\right]$$

완전 미분 조건에 따라서

$$\frac{\partial}{\partial V}\frac{1}{T}\left(\frac{\partial U}{\partial p}\right)_V=\frac{\partial}{\partial p}\left[\frac{1}{T}\left\{\left(\frac{\partial U}{\partial V}\right)_p+p\right\}\right]$$

위 식을 미분하고 정리하면 (3.13) 식을 얻는다. 또한

$\left(\dfrac{\partial U}{\partial p}\right)_V=-\left(\dfrac{\partial U}{\partial V}\right)_p\left(\dfrac{\partial V}{\partial p}\right)_U$ (추후 증명)이므로 (3.13) 식은

$T-\left(\dfrac{\partial T}{\partial p}\right)_V\left(\dfrac{\partial U}{\partial V}\right)_p-p\left(\dfrac{\partial T}{\partial p}\right)_V=\left(\dfrac{\partial T}{\partial V}\right)_p\left(\dfrac{\partial U}{\partial V}\right)_p\left(\dfrac{\partial V}{\partial p}\right)_U$ 이 된다.

(3.13)식을 이상기체에 적용하면 $U=U(T)$이므로 다음 식을 얻는다.

$$T=p\left(\frac{\partial T}{\partial p}\right)_V \tag{3.14}$$

예제 **이상기체의 엔트로피를 기체의 분포함수(**$f(v)$**; 제1장에서 도입)로 나타내어라.**

해 (3.7) 식의 양변에 $\rho=\dfrac{1}{V}$을 곱하면

$$\rho S=\rho C_V\ln T+\rho R\ln\rho^{-1}+\rho S_0 \tag{3.15}$$

$pV=RT=Nk_BT$(기체 1mole에 대해서)를 달리 쓰면

$p=\rho RT=nk_BT(n=N/V$, 분자의 수 밀도)이므로 $\rho=\dfrac{k_B}{R}n$.

이 식을 (3.15)식에 대입하면

$$\rho S=\frac{k_B}{R}C_Vn\ln T-nk_B\ln\frac{nk_B}{R}+\rho S_0$$

$$= \frac{k_B}{R} C_V n \ln T - nk_B \left(\ln\ n + \ln \frac{k_B}{R}\right) + \frac{S_0}{R} nk_B$$

여기에서 상수항 $\ln \frac{k_B}{R}$를 S_0항에 흡수시키자.

$\rho S = \frac{k_B}{R} C_V n \ln T - nk_B \ln n + \frac{S_0}{R} nk_B$, $\frac{C_V}{R} = \frac{3}{2}$이므로

$$\rho S = \frac{3}{2} nk_B \ln T - nk_B \ln n + \rho S_0$$

수밀도 $n = f d^3 v$라고 놓으면, 위 식은 다음과 같이 된다.

$$\rho S = \frac{3}{2} k_B f d^3 v \ln T - k_B f d^3 v (\ln f + \ln d^3 v) + \rho S_0$$

단위체적당의 엔트로피는 위 식을 적분해서 얻는다.

$$\rho S = -k_B \int d^3 v f \ln f + \text{상수 (여타항의 합)} \tag{3.16}$$

주의 v는 분자 속도 변수이고 V는 체적임. (3.16)은 평형상태에서 엔트로피를 분자 속도 분포함수로 나타낸 것임. 평형상태에서 온도 T는 일정하다.

(3.16)에서 $\rho S = -k_B \int f(\ln f - 1) d^3 v$로 엔트로피를 정의할 수도 있다. $\int f d^3 v = N$이므로 (3.16) 식과는 상수 차이만 난다. Sterling의 공식(부록 B)을 사용하면

$$\rho S = -k_B \int f(\ln f - 1) d^3 v = -k_B \int \ln f!\ \ d^3 v \tag{3.17}$$

라고 쓸 수 있다.

주 이 예제에 관한 참고문헌: L. C. Woods, p. 22

● 편도함수(partial derivative) 계산법.

앞 절에서 본 바와 같이 열역학에서는 다양한 편도함수가 서로 연결되어 있다. 이것은 여러 가지 다변수 함수를 다루어야 하기 때문이다. 이러한 편도함수 계산을 체계적으로 하는 수학적 방법을 이 절에서 제시한다.

(1)
$$x = x(y,z) \tag{3.18}$$

의 형태에서

$$dx = \left(\frac{\partial x}{\partial y}\right)_z dy + \left(\frac{\partial x}{\partial z}\right)_y dz \tag{3.19}$$

(3.18)은 z에 대해서 풀었다하고, $z = z(x,y)$로 쓸 수 있다. 따라서

$$dz = \left(\frac{\partial z}{\partial x}\right)_y dx + \left(\frac{\partial z}{\partial y}\right)_x dy \tag{3.20}$$

(3.20)를 (3.19)에 대입하면

$$dx = \left(\frac{\partial x}{\partial y}\right)_z dy + \left(\frac{\partial x}{\partial z}\right)_y \left[\left(\frac{\partial z}{\partial x}\right)_y dx + \left(\frac{\partial z}{\partial y}\right)_x dy\right]$$

정리하면

$$dx = \left(\frac{\partial z}{\partial x}\right)_y \left(\frac{\partial x}{\partial z}\right)_y dx + \left[\left(\frac{\partial x}{\partial y}\right)_z + \left(\frac{\partial z}{\partial y}\right)_x \left(\frac{\partial x}{\partial z}\right)_y\right] dy$$

dx와 dy는 독립이므로

$$\left(\frac{\partial x}{\partial z}\right)_y \left(\frac{\partial z}{\partial x}\right)_y = 1 \tag{3.21}$$

$$\left(\frac{\partial x}{\partial y}\right)_z = -\left(\frac{\partial x}{\partial z}\right)_y \left(\frac{\partial z}{\partial y}\right)_x \tag{3.22}$$

(3.18)은 $y = y(x,z)$로 풀었다고 보면

$$dy = \left(\frac{\partial y}{\partial x}\right)_z dx + \left(\frac{\partial y}{\partial z}\right)_x dz \tag{3.23}$$

(3.23)를 (3.19)에 대입하면

$$dx = \left(\frac{\partial x}{\partial z}\right)_y dz + \left(\frac{\partial x}{\partial y}\right)_z \left[\left(\frac{\partial y}{\partial x}\right)_z dx + \left(\frac{\partial y}{\partial z}\right)_x dz\right]$$

따라서

$$\left(\frac{\partial x}{\partial y}\right)_z \left(\frac{\partial y}{\partial x}\right)_z = 1 \tag{3.24}$$

$$\left(\frac{\partial x}{\partial z}\right)_y = \left(\frac{\partial x}{\partial y}\right)_z \left(\frac{\partial y}{\partial z}\right)_x \tag{3.25}$$

(3.23)를 (3.20)에 대입하면

$$dz = \left(\frac{\partial z}{\partial x}\right)_y dx + \left(\frac{\partial z}{\partial y}\right)_x \left[\left(\frac{\partial y}{\partial x}\right)_z dx + \left(\frac{\partial y}{\partial z}\right)_x dz\right]$$

dz와 dx는 독립이므로

$$1 = \left(\frac{\partial z}{\partial y}\right)_x \left(\frac{\partial y}{\partial z}\right)_x \tag{3.26}$$

$$\left(\frac{\partial z}{\partial x}\right)_y = -\left(\frac{\partial z}{\partial y}\right)_x \left(\frac{\partial y}{\partial x}\right)_z \tag{3.27}$$

(3.25)에서

$$\left(\frac{\partial x}{\partial z}\right)_y \left(\frac{\partial z}{\partial y}\right)_x = -\left(\frac{\partial x}{\partial y}\right)_z \left(\frac{\partial y}{\partial z}\right)_x \left(\frac{\partial z}{\partial y}\right)_x = -\left(\frac{\partial x}{\partial y}\right)_z \tag{3.28}$$

$$\left(\frac{\partial z}{\partial y}\right)_x \left(\frac{\partial x}{\partial z}\right)_y \left(\frac{\partial y}{\partial x}\right)_z = -\left(\frac{\partial x}{\partial y}\right)_z \left(\frac{\partial y}{\partial x}\right)_z = -1 \tag{3.29}$$

(3.22)에서

$$\left(\frac{\partial x}{\partial y}\right)_z\left(\frac{\partial y}{\partial z}\right)_x = -\left(\frac{\partial x}{\partial z}\right)_y\left(\frac{\partial z}{\partial y}\right)_x\left(\frac{\partial y}{\partial z}\right)_x = -\left(\frac{\partial x}{\partial z}\right)_y \tag{3.30}$$

$$\left(\frac{\partial x}{\partial y}\right)_z\left(\frac{\partial y}{\partial z}\right)_x\left(\frac{\partial z}{\partial x}\right)_y = -\left(\frac{\partial x}{\partial z}\right)_y\left(\frac{\partial z}{\partial x}\right)_y = -1 \tag{3.31}$$

기억법

- 한 개의 항을 두 개의 항의 곱으로 쓸 때 즉 (3.27)에서: chain rule을 사용하고 첨자는 나머지 한 문자로 하고 (−)를 붙인다.
- 곱한 두 항을 한 개의 항으로 쓸 때. 즉 (3.28)에서: 분자 분모에서 공통미분을 상쇄하고 만들어지는 편도함수에 상쇄된 문자를 첨자로 하고 (−)를 붙인다.

(2) $F(x, y, z) = 0$ 형태의 음함수

예제 **상태방정식** $F(p, V, T) = 0$**이 주어졌을 때, 다음 reciprocal formula가 성립한다.**

$$\left(\frac{\partial V}{\partial T}\right)_p = \frac{1}{\left(\frac{\partial T}{\partial V}\right)_p},\quad \left(\frac{\partial T}{\partial p}\right)_V = \frac{1}{\left(\frac{\partial p}{\partial T}\right)_V},\quad \left(\frac{\partial p}{\partial V}\right)_T = \frac{1}{\left(\frac{\partial V}{\partial p}\right)_T}$$

해 이 식들은 (3.21), (3.24), (3.26)에 대응하는 식들이다.

$F(x, y, z) = 0$의 미분을 취하면

$$dF = \frac{\partial F}{\partial x}dx + \frac{\partial F}{\partial y}dy + \frac{\partial F}{\partial z}dz = 0$$

$x = const.$ 즉 $dx = 0$과정에서는

$$\left(\frac{\partial y}{\partial z}\right)_x = -\frac{\partial F/\partial z}{\partial F/\partial y},\quad \left(\frac{\partial z}{\partial y}\right)_x = -\frac{\partial F/\partial y}{\partial F/\partial z} \tag{3.32a, b}$$

$y = const.$ 즉 $dy = 0$과정에서는

$$\left(\frac{\partial x}{\partial z}\right)_y = -\frac{\partial F/\partial z}{\partial F/\partial x},\quad \left(\frac{\partial y}{\partial x}\right)_z = -\frac{\partial F/\partial x}{\partial F/\partial z} \tag{3.33a, b}$$

$z = const.$ 즉 $dz = 0$ 과정에서는

$$\left(\frac{\partial x}{\partial y}\right)_z = -\frac{\partial F/\partial y}{\partial F/\partial x}, \left(\frac{\partial y}{\partial x}\right)_z = -\frac{\partial F/\partial x}{\partial F/\partial y} \tag{3.34a, b}$$

예제 (3.34a), (3.33a), (3.32b)**를 사용하여** (3.22)**를 도출하라.**

(3.33a), (3.34a), (3.32a)**를 사용하여** (3.25)**을 도출하라.**

(3.33b), (3.32b), (3.34b)**를 사용하여** (3.27)**을 도출하라.**

해 생략

다음 열역학 관계식들은 실험적으로 증명되었다.

$$\left(\frac{\partial p}{\partial V}\right)_T \left(\frac{\partial V}{\partial T}\right)_p = -\left(\frac{\partial p}{\partial T}\right)_V \tag{3.35}$$

$$\left(\frac{\partial p}{\partial T}\right)_V \left(\frac{\partial T}{\partial V}\right)_p = -\left(\frac{\partial p}{\partial V}\right)_T \tag{3.36}$$

$$\left(\frac{\partial V}{\partial T}\right)_p \left(\frac{\partial T}{\partial p}\right)_V = -\left(\frac{\partial V}{\partial p}\right)_T \tag{3.37}$$

위 식들은 chain rule을 사용한 것이고 이미 유도하였다. 가령 (3.28)을 보라. 다음 식도 성립함을 알 수 있다.

$$\left(\frac{\partial p}{\partial V}\right)_T \left(\frac{\partial V}{\partial T}\right)_p \left(\frac{\partial T}{\partial p}\right)_V = -1 \tag{3.38}$$

$$\left(\frac{\partial p}{\partial T}\right)_V \left(\frac{\partial T}{\partial V}\right)_p \left(\frac{\partial V}{\partial p}\right)_T = -1 \tag{3.39}$$

위 식들은 완성된 chain rule이다. 이미 유도한 식의 변형이다.

(3) $x=f(z,w)$, $y=g(z,w)$로 주어졌을 때.

$$dx=\left(\frac{\partial f}{\partial z}\right)_w dz+\left(\frac{\partial f}{\partial w}\right)_z dw$$

$$dy=\left(\frac{\partial g}{\partial z}\right)_w dz+\left(\frac{\partial g}{\partial w}\right)_z dw$$

$\left(\frac{\partial x}{\partial y}\right)_z$ 를 구하고 싶으면 위 식에서 $dz=0$으로 놓고 두 식의 비를 취하면 된다.

$$\left(\frac{\partial x}{\partial y}\right)_z=\left(\frac{\partial f}{\partial w}\right)_z/\left(\frac{\partial g}{\partial w}\right)_z \tag{3.40}$$

같은 방식으로

$$\left(\frac{\partial x}{\partial y}\right)_w=\left(\frac{\partial f}{\partial z}\right)_w/\left(\frac{\partial g}{\partial z}\right)_w \tag{3.41}$$

● 내용정리

(1) 상태방정식 $f(p,V,T)=0$가 주어졌을 때, 여기에서 성립하는 편도함수 사이의 관계식을 유도하였다.

(2) 상태변수 로서 p, T, V, U, S 등 5가지 양을 도입하였고 이들의 미분은 완전 미분이다.
열역학 제1법칙은 다음과 같이 쓴다.

$$dU=TdS-pdV,\quad U=U(S,V) \tag{3.42}$$

(3.42)는 5가지 상태변수들 사이의 관계를 미분차 방정식(difference equation)의 꼴로 연결시키고 있다. 독자는 (3.42)로부터 얼마나 많은 열역학 관계식을 끌어낼 수 있는가?
다음 관계식을 즉시 쓸 수 있다.

$$\left(\frac{\partial U}{\partial S}\right)_V = T \tag{3.43}$$

$$\left(\frac{\partial U}{\partial V}\right)_S = -p \tag{3.44}$$

위 두 식을 나누면

$$\frac{p}{T} = -\frac{\left(\frac{\partial U}{\partial V}\right)_S}{\left(\frac{\partial U}{\partial S}\right)_V} = -\left(\frac{\partial U}{\partial V}\right)_S\left(\frac{\partial S}{\partial U}\right)_V = \left(\frac{\partial S}{\partial V}\right)_U \tag{3.45}$$

(3.42)에서 dU가 완전미분이므로 다음 식이 성립한다.

$$\left(\frac{\partial T}{\partial V}\right)_S = -\left(\frac{\partial p}{\partial S}\right)_V \ \text{(Maxwell)} \tag{3.46}$$

(3.46)은 Maxwell 관계식 중의 하나이다. (3.46)는 다음 형태로도 쓸 수 있다.

$$\left(\frac{\partial p}{\partial S}\right)_V\left(\frac{\partial V}{\partial T}\right)_S = -1 \tag{3.47}$$

$$\left(\frac{\partial S}{\partial p}\right)_V\left(\frac{\partial T}{\partial V}\right)_S = -1 \tag{3.48}$$

(3.42) 식을 $S = S(U, V)$에 관한 식으로 보고 다시 쓰면

$$dS = \frac{1}{T}dU + \frac{p}{T}dV \tag{3.49}$$

여기에서 다음 식을 얻는다.

$$\left(\frac{\partial S}{\partial U}\right)_V = \frac{1}{T} \ (cf\ \ 3.43) \tag{3.50}$$

$$\left(\frac{\partial S}{\partial V}\right)_U = \frac{p}{T} \quad (cf\ \ 3.45) \tag{3.51}$$

위 두 식을 나누면

$$p = \left(\frac{\partial S}{\partial V}\right)_U \left(\frac{\partial U}{\partial S}\right)_V = -\left(\frac{\partial U}{\partial V}\right)_S \quad (cf\ \ 3.44) \tag{3.52}$$

이 식은 (3.49)에서 직접 유도된다. dS가 완전 미분이므로 다음 식이 성립한다.

$$\left(\frac{\partial}{\partial V}\frac{1}{T}\right)_U = \left(\frac{\partial}{\partial U}\frac{p}{T}\right)_V \tag{3.53}$$

이상기체에 대하여 위 식은 $0 = 0$이다.
(3.42) 식을 $V = V(S, U)$에 관한 식으로 보고 다시 쓰면

$$dV = \frac{T}{p}dS - \frac{1}{p}dU \tag{3.54}$$

$$\left(\frac{\partial V}{\partial S}\right)_U = \frac{T}{p} \quad \text{or} \quad \frac{p}{T} = \left(\frac{\partial S}{\partial V}\right)_U \quad (cf\ \ 3.45) \tag{3.55}$$

$$\left(\frac{\partial V}{\partial U}\right)_S = -\frac{1}{p} \quad \text{or} \quad -p = \left(\frac{\partial U}{\partial V}\right)_S \quad (cf\ \ 3.44) \tag{3.56}$$

위 두 식의 비를 취하면

$$-T = \left(\frac{\partial V}{\partial S}\right)_U \left(\frac{\partial U}{\partial V}\right)_S = -\left(\frac{\partial U}{\partial S}\right)_V \quad (cf\ \ 3.43) \tag{3.57}$$

(3.54)에서 dV가 완전 미분이므로 다음 식이 성립한다.

$$\left(\frac{\partial}{\partial U}\frac{T}{p}\right)_S = -\left(\frac{\partial}{\partial S}\frac{1}{p}\right)_U \tag{3.58}$$

이상기체에 대하여 (3.58)이 다음 식을 준다.

$$\left(\frac{\partial S}{\partial p}\right)_U = -\frac{R}{p} \tag{3.59}$$

제1법칙 (3.42)에서 U, S, V 중 임의의 2개를 독립변수로 취하여 같은 결과를 얻을 수 있다. 완전미분 조건은 별개의 관계식을 생산한다.

● 엔트로피 S를 포함한 관계식.

$$C_V = \left(\frac{\delta Q}{dT}\right)_V = \left(\frac{TdS}{dT}\right)_V = T\left(\frac{\partial S}{\partial T}\right)_V \tag{3.60}$$

$$C_p = \left(\frac{\delta Q}{dT}\right)_p = \left(\frac{TdS}{dT}\right)_p = T\left(\frac{\partial S}{\partial T}\right)_p \tag{3.61}$$

$$\gamma = C_p / C_V = \left(\frac{\partial S}{\partial T}\right)_p \Big/ \left(\frac{\partial S}{\partial T}\right)_V = \left(\frac{\partial S}{\partial T}\right)_p \left(\frac{\partial T}{\partial S}\right)_V \tag{3.62}$$

예제 다음 식을 증명하라.

$$\left(\frac{\partial p}{\partial V}\right)_S = \gamma\left(\frac{\partial p}{\partial V}\right)_T \tag{3.63}$$

해 이 문제는 (2.42) 식과 같은 문제이다. 여기서 달리 풀어보면

$$\frac{\left(\frac{\partial p}{\partial V}\right)_S}{\left(\frac{\partial p}{\partial V}\right)_T} = \frac{\left(\frac{\partial p}{\partial S}\right)_V\left(\frac{\partial S}{\partial V}\right)_p}{\left(\frac{\partial p}{\partial T}\right)_V\left(\frac{\partial T}{\partial V}\right)_p} = \left(\frac{\partial p}{\partial S}\right)_V\left(\frac{\partial T}{\partial p}\right)_V\left(\frac{\partial S}{\partial V}\right)_p\left(\frac{\partial V}{\partial T}\right)_p = \left(\frac{\partial T}{\partial S}\right)_V\left(\frac{\partial S}{\partial T}\right)_p = \gamma$$

위 식을 얻을 때에 (3.22), (3.21)를 사용하였다.

예제 이상기체 대하여 (3.63)을 사용하여 $pV^{\gamma} = const.$를 유도하라.

해 생략

예제 (p, V)**도면에서** $U(p, V)$**를 고려하여 (3.63) 식을 유도하라.**

해 Pippard의 책 p.62를 참고할 것

Maxwell 관계식.

$dU = TdS - pdV$가 완전미분이므로

$$\left(\frac{\partial T}{\partial V}\right)_S = -\left(\frac{\partial p}{\partial S}\right)_V \qquad \text{(M1) (3.64)}$$

(3.64)는 Maxwell 관계식 중 첫 번째 관계식이다. Maxwell 식은 위에 등장한 4개의 상태변수 T, V, S, p 사이에 성립하는 4개의 편도함수 관계식이다. 이들은 서로 독립적이 아니고 위의 $(M1)$에서 유도될 수 있다. 먼저 (M1)의 양변을 $\left(\frac{\partial V}{\partial p}\right)_S$로 곱하면

$$\left(\frac{\partial V}{\partial p}\right)_S\left(\frac{\partial T}{\partial V}\right)_S = -\left(\frac{\partial p}{\partial S}\right)_V\left(\frac{\partial V}{\partial p}\right)_S$$

$$\text{좌변} = \left(\frac{\partial T}{\partial p}\right)_S, \quad \text{우변} = \left(\frac{\partial V}{\partial S}\right)_p$$

따라서

$$\left(\frac{\partial T}{\partial p}\right)_S = \left(\frac{\partial V}{\partial S}\right)_p \qquad \text{(M2) (3.65)}$$

(M2)의 양변을 $\left(\frac{\partial S}{\partial T}\right)_p$로 곱하면

$$\left(\frac{\partial S}{\partial T}\right)_p\left(\frac{\partial T}{\partial p}\right)_S = \left(\frac{\partial V}{\partial S}\right)_p\left(\frac{\partial S}{\partial T}\right)_p$$

따라서

$$\left(\frac{\partial S}{\partial p}\right)_T = -\left(\frac{\partial V}{\partial T}\right)_p \qquad \text{(M3) (3.66)}$$

(M3)의 양변을 $\left(\frac{\partial p}{\partial V}\right)_T$ 로 곱하면

$$\left(\frac{\partial p}{\partial V}\right)_T \left(\frac{\partial S}{\partial p}\right)_T = -\left(\frac{\partial V}{\partial T}\right)_p \left(\frac{\partial p}{\partial V}\right)_T$$

따라서

$$\left(\frac{\partial S}{\partial V}\right)_T = \left(\frac{\partial p}{\partial T}\right)_V \qquad \text{(M4) (3.67)}$$

(M1)-(M4)가 4개의 Maxwell 관계식이다.

(M2)는 $TdS + Vdp$로 정의된 미분량이 완전미분일 조건이다. 이 미분을 dH 라고 쓰자.

$$\begin{aligned} dH &= TdS + Vdp \\ &= TdS + Vdp - dU + dU \\ &= TdS + Vdp - TdS + pdV + dU \\ &= d(U + pV) \end{aligned}$$

따라서

$$H = U + pV \qquad (3.68)$$

위에 정의한 양 H를 enthalpy라고 하며, 상태변수이다.

마찬가지로 (M3)는 Gibbs 함수 G를 정의한다.

$$G = U - TS + pV \qquad (3.69)$$

(M3)는 dG가 완전미분일 조건이다.

(M4)는 Helmholtz free energy F

$$F = U - TS \tag{3.70}$$

의 미분 dF가 완전 미분일 조건이다.

예제 $dU = TdS - pdV$를 미분하면 $\left(\frac{\partial U}{\partial V}\right)_T = T\left(\frac{\partial S}{\partial V}\right)_T - p$

여기에서 (M4)를 쓰면

$$\left(\frac{\partial U}{\partial V}\right)_T = T\left(\frac{\partial p}{\partial T}\right)_V - p \tag{3.71}$$

이상기체에서는 $\left(\frac{\partial U}{\partial V}\right)_T = 0$이므로, $\left(\frac{\partial p}{\partial T}\right)_V = \frac{p}{T}$이다.

● 비열 C_V와 C_p 사이의 관계.

이들의 관계는 이상기체에 대해서는 이미 구한 바 있으나, 여기에서는 일반적 상태방정식 하에서 구하고자 한다. 이때 (M3)와 (M4)가 유용하다.

먼저 (3.61) 식 $C_p = T\left(\frac{\partial S}{\partial T}\right)_p$ 의 양변을 미분하자.

$$\left(\frac{\partial C_p}{\partial p}\right)_T = T\left(\frac{\partial}{\partial p}\right)_T\left(\frac{\partial S}{\partial T}\right)_p = T\left(\frac{\partial}{\partial T}\right)_p\left(\frac{\partial S}{\partial p}\right)_T$$

앞 식에서는 미분의 순서를 바꾸었다. (M3)를 쓰면 위 식은

$$\left(\frac{\partial C_p}{\partial p}\right)_T = -T\left(\frac{\partial}{\partial T}\right)_p\left(\frac{\partial V}{\partial T}\right)_p = -T\left(\frac{\partial^2 V}{\partial T^2}\right)_p \tag{3.72}$$

이 식의 우변량은 상태방정식을 알면 구할 수 있다. 마찬가지로 (3.60) 식을 미분하면

$$\left(\frac{\partial C_V}{\partial V}\right)_T = T\left(\frac{\partial}{\partial V}\right)_T\left(\frac{\partial S}{\partial T}\right)_V = T\left(\frac{\partial}{\partial T}\right)_V\left(\frac{\partial S}{\partial V}\right)_T = T\left(\frac{\partial}{\partial T}\right)_V\left(\frac{\partial p}{\partial T}\right)_V = T\left(\frac{\partial^2 p}{\partial T^2}\right)_V \tag{3.73}$$

위에서 (M4)를 사용하였다. 이 식의 우변량은 상태방정식을 알면 구할 수 있다. (3.72)와 (3.73)의 우변량은 이상기체에서는 모두 0이다.

예제 Enthalpy H**를 사용하여 이상기체에 대하여** $\left(\frac{\partial C_p}{\partial p}\right)_T = 0$**를 보여라.**

해 $dH = \delta Q + Vdp$의 양변을 미분하면

$$\left(\frac{\partial H}{\partial T}\right)_p = \left(\frac{\delta Q}{dT}\right)_p = C_p \tag{3.74}$$

즉 C_p는 enthalpy로 표현할 수 있다. 한편
$H = U + pV$에서 보면 이상기체의 H는 온도만의 함수이다: $H = H(T)$.
따라서

$$\left(\frac{\partial C_p}{\partial p}\right)_T = \left(\frac{\partial}{\partial p}\right)_T \left(\frac{\partial H}{\partial T}\right)_p = \left(\frac{\partial}{\partial T}\right)_p \left(\frac{\partial H}{\partial p}\right)_T = 0 \ (\text{이상기체의 경우})$$

● $(C_p - C_V)$에 관한 일반식

(3.60)과 (3.61)에서

$$C_p - C_V = T\left(\frac{\partial S}{\partial T}\right)_p - T\left(\frac{\partial S}{\partial T}\right)_V$$

한편

$$dS = \left(\frac{\partial S}{\partial T}\right)_V dT + \left(\frac{\partial S}{\partial V}\right)_T dV$$

이 식의 양변을 $(dT)_p$로 나누면

$$\left(\frac{\partial S}{\partial T}\right)_p = \left(\frac{\partial S}{\partial T}\right)_V + \left(\frac{\partial V}{\partial T}\right)_p \left(\frac{\partial S}{\partial V}\right)_T$$

따라서

$$C_p - C_V = T\left(\frac{\partial S}{\partial V}\right)_T \left(\frac{\partial V}{\partial T}\right)_p = T\left(\frac{\partial p}{\partial T}\right)_V \left(\frac{\partial V}{\partial T}\right)_p \ (\text{per M4}) \tag{3.75}$$

이 식의 우변은 상태방정식을 알면 구해진다.

예제 이상기체에 대하여 $C_p - C_V = R$을 보여라.

예제 $C_p > C_V$를 일반적으로 보여라.

해 (3.75) 식에서

$$C_p - C_V = T\left(\frac{\partial V}{\partial T}\right)_p \left[\left(\frac{\partial p}{\partial T}\right)_V\right]^2 / \left(\frac{\partial p}{\partial T}\right)_V = T\left[\left(\frac{\partial p}{\partial T}\right)_V\right]^2 \left(\frac{\partial V}{\partial T}\right)_p \left(\frac{\partial T}{\partial p}\right)_V$$

$$= -T\left[\left(\frac{\partial p}{\partial T}\right)_V\right]^2 \left(\frac{\partial V}{\partial p}\right)_T = -T\left[\left(\frac{\partial p}{\partial T}\right)_V\right]^2 / \left(\frac{\partial p}{\partial V}\right)_T \tag{3.76}$$

$\left(\frac{\partial p}{\partial V}\right)_T < 0$이다. 즉 등온 팽창에서 압력은 항상 감소한다. 따라서 $C_p > C_V$이다.
위의 계산에서 (3.22)를 사용하였다.

● **Legendre 변환과 새로운 상태변수들.** Helmhotz free energy, enthalpy, Gibbs free energy.
두 변수 함수 $f(x,y)$의 미분

$$df = \frac{\partial f}{\partial x}dx + \frac{\partial f}{\partial y}dy \tag{3.77}$$

에서 $\frac{\partial f}{\partial x} = u$, $\frac{\partial f}{\partial y} = v$라 놓고, $df = udx + vdy$라고 쓰자.
독립변수로 x,y를 사용하는 식을 독립변수로 u,y를 사용하는 식으로 바꾸어 주고 싶을 때, 다음에 설명하는 Legendre 변환을 취한다. 다음 식

$$g = f - ux \tag{3.78}$$

에 따라서 새로운 함수 $g(u,y)$를 도입한다. 위의 g가 (u,y)의 함수로 볼 수 있는 이유는 미분을 취해보면

$$dg = df - udx - xdu = -xdu + vdy \tag{3.79}$$

명백히 g는 (u,y)를 독립변수로 하는 함수이다. (3.79)에서 다음 식을 얻는다.

$$x = -\frac{\partial g}{\partial u},\ v = \frac{\partial g}{\partial y} \tag{3.80}$$

기억법

- 새함수 = 구함수 − (없애고 싶은) 구변수 × 구함수의 (없애고 싶은) 구변수에 대한 편도함수. 여기에서 구함수의 구변수에 대한 편도함수가 신변수가 된다.
- $f(x,y)$에서 y를 없애고 싶으면 새함수는:

$$h = f(x,y) - y\frac{\partial f}{\partial y} = f - yv = h(x,v),\ (v = \frac{\partial f}{\partial y})$$

예로써, 우리에게 익숙한 식을 보자.

$$dU = TdS - pdV \tag{3.81}$$

여기에서

$$T = \frac{\partial U}{\partial S},\ P = -\frac{\partial U}{\partial V} \tag{3.82}$$

구함수 $U(S, V)$에서 S를 없애서 (T, V)를 독립변수로 하는 새함수 $F(V, T)$를 정의하고 싶다. 그러면

$$\begin{aligned} F(V, T) &= U - ST \\ dF &= -pdV - SdT \end{aligned} \tag{3.83}$$

$$\left(\frac{\partial F}{\partial V}\right)T = -p,\ \left(\frac{\partial F}{\partial T}\right)_V = -S \tag{3.84}$$

함수 $F(V, T)$는 Helmholtz Free 에너지이다.
(3.81)에서 구함수 $U(S, V)$에서 V를 없애 (p, V)를 독립변수로 하는 새함수 $H(p, S)$를 정의하고 싶다면 (3.82)을 보고

$$H(p,S) = U + pV$$
$$dH = TdS + Vdp \tag{3.85}$$

$$T = \left(\frac{\partial H}{\partial S}\right)_p, V = \left(\frac{\partial H}{\partial p}\right)_S \tag{3.86}$$

여기에서 함수 $H(p,S)$는 enthalpy이다.

(3.85)에서 $H(S,p)$ 대신 (3.86)에 따라 새함수 $G(T,p)$를 도입하자.

$$G(T,p) = H - ST = U + pV - ST \tag{3.87}$$

$$dG = V\,dp - S\,dT \tag{3.88}$$

$$\left(\frac{\partial G}{\partial p}\right)_T = V,\ \left(\frac{\partial G}{\partial T}\right)_p = -S$$

여기에서 G는 Gibbs free energy이다.

● 열역학에서 Jacobian의 응용.

$$x = f(u,v),\ \ y = g(u,v) \tag{3.89}$$

일 때, $\frac{\partial u}{\partial x} \equiv u_x$ 또는 $\frac{\partial v}{\partial y} \equiv v_y$를 구하고 싶다고 하자. 우선 생각할 수 있는 방법은 (3.89)를 x와 y의 함수로 u와 v를 구하고, 즉

$$u = u(x,y),\ \ v = v(x,y) \tag{3.90}$$

를 구한 다음, 그러한 편도함수를 계산하면 될 것이다. 그러나 역변환 (3.90)을 구하지 않고 직접 u_x와 v_y를 계산할 수 있다. (3.89)와 (3.90)에서

$$dx = \frac{\partial f}{\partial u}du + \frac{\partial f}{\partial v} \equiv dv\, f_u\, du + f_v\, dv \tag{3.91}$$

$$dy = \frac{\partial g}{\partial u}du + \frac{\partial g}{\partial v}dv \equiv g_u du + g_v dv \tag{3.92}$$

$$du = \frac{\partial u}{\partial x}dx + \frac{\partial u}{\partial y}dy \equiv u_x dx + u_y dy \tag{3.93}$$

$$dv = \frac{\partial v}{\partial x}dx + \frac{\partial v}{\partial y}dy \equiv v_x dx + v_y dy \tag{3.94}$$

(3.93) 과 (3.94)를 (3.91)에 사용하면

$$\begin{aligned} dx &= f_u(u_x dx + u_y dy) + f_v(v_x dx + v_y dy) \\ &= (f_u u_x + f_v v_x)dx + (f_u u_y + f_v v_y)dy \end{aligned} \tag{3.95}$$

(3.93)과 (3.94)를 (3.92)에 사용하면

$$\begin{aligned} dy &= g_u(u_x dx + u_y dy) + g_v(v_x dx + v_y dy) \\ &= (g_u u_x + g_v v_x)dx + (g_u u_y + g_v v_y)dy \end{aligned} \tag{3.96}$$

dx, dy가 독립이므로 (3.95)에서

$$1 = f_u u_x + f_v v_x \tag{3.97}$$

$$0 = f_u u_y + f_v v_y \tag{3.98}$$

dx, dy가 독립이므로 (3.96)에서

$$1 = g_u u_y + g_v v_y \tag{3.99}$$

$$0 = g_u u_x + g_v v_x \tag{3.100}$$

(3.97)과 (3.100)에서 u_x, v_x를 구할 수 있고, (3.98)과 (3.99)에서 u_y, v_y를 구할 수 있다.

$$u_x = \frac{1}{J}\begin{vmatrix} 1 & f_v \\ 0 & g_v \end{vmatrix} = \frac{g_v}{J} \tag{3.101}$$

$$v_x = \frac{1}{J}\begin{vmatrix} f_u & 1 \\ g_u & 0 \end{vmatrix} = -\frac{g_u}{J} \tag{3.102}$$

여기에서 J는 Jacobian인데, 다음과 같은 행열식(determinant)이다.

$$J = \begin{vmatrix} f_u & f_v \\ g_u & g_v \end{vmatrix} \equiv \frac{\partial(f,g)}{\partial(u,v)} \tag{3.103}$$

많은 책에서 이 행열식을 위에서처럼 편미분 기호로써 표현하기도 한다. $J=0$일 때는 u_x, v_x는 구할 수 없다. 즉 이러한 편도함수들은 존재하지 않는다. 이것은 (3.89)를 풀어서 (3.90)처럼 쓸 수 없다는 뜻이다.

예제 **$x = u + v,\ y = 3u + 2v$가 있다. $u_x = -2,\ v_x = 3$을 2가지 방법으로 증명하라.**

해 생략

행열식의 성질로부터 다음 Jacobian에 관한 항등식을 쉽게 증명할 수 있다.

$$\frac{\partial(x,y)}{\partial(u,v)} = -\frac{\partial(y,x)}{\partial(u,v)} = \frac{\partial(y,x)}{\partial(v,u)}$$

$$\frac{\partial(x,y)}{\partial(x,y)} = 1$$

예제
$$\frac{\partial(x,y)}{\partial(x,v)} = \left(\frac{\partial y}{\partial v}\right)_x - \left(\frac{\partial y}{\partial x}\right)_v\left(\frac{\partial x}{\partial v}\right)_y = \left(\frac{\partial y}{\partial v}\right)_x \tag{3.104}$$

해 여기에서는 $x = x(v),\ y = y(v)$가 내포되어 있다.

$v = const.$인 과정에서는 $\left(\frac{\partial y}{\partial x}\right)_v = 0$이라고 본다.

다음은 흔히 사용되는 항등식이다.

$$\frac{\partial(x,y)}{\partial(u,v)} = \frac{\partial(x,y)}{\partial(a,b)} \frac{\partial(a,b)}{\partial(u,v)}$$

$$\frac{\partial(x,y)}{\partial(u,v)} \frac{\partial(u,v)}{\partial(x,y)} = 1$$

x, y, z가 서로 다른 u, v의 세 함수일 때,

$$\frac{\partial(z,y)}{\partial(u,v)} = \frac{\partial z}{\partial x} \frac{\partial(x,y)}{\partial(u,v)}$$

$$\frac{\partial(z,x)}{\partial(u,v)} = -\frac{\partial z}{\partial y} \frac{\partial(x,y)}{\partial(u,v)} = \frac{\partial z}{\partial y} \frac{\partial(y,x)}{\partial(u,v)}$$

그 밖의 Jacobian이 포함된 많은 관계식을 참고문헌 Margenau and Murphy 책에서 볼 수 있다.

예제 Jacobian**은 면적적분의 계산에서 매우 유용하다. 면적적분을 이용하여** Maxwell **관계식을 도출할 수 있으므로** Jacobian**을 이용하는 면적적분을 생각해보자.**

$x = x(u,v)$, $y = y(u,v)$일 때 다음 식이 성립한다.

$$\iint_R f(x,y)\,dx\,dy = \iint_T f[x(u,v), y(u,v)]\,J(u,v)\,du\,dv \tag{3.105}$$

여기에서 $J(u,v) = \dfrac{\partial(x,y)}{\partial(u,v)} \neq 0$이고, R은 (x,y) 평면에서 적분영역을 나타내는 면적이고 T는 R의 (u,v) 평면으로의 mapping이다. (3.105)의 증명은 Green의 정리를 써서 일반적으로 할 수 있으나, 여기서는 보다 쉽게 극좌표를 예로 들어 설명하겠다.

위치 벡타 $\vec{r}$을 다음과 같이 나타내자.

$$\vec{r} = (x, y) = (\rho, \theta)$$
$$x = \rho\cos\theta,\ y = \rho\sin\theta \tag{3.106}$$

$$\frac{\partial\vec{r}}{\partial\rho} = \hat{x}\frac{\partial x}{\partial\rho} + \hat{y}\frac{\partial y}{\partial\rho} \equiv \overrightarrow{U_\rho}$$
$$\frac{\partial\vec{r}}{\partial\theta} = \hat{x}\frac{\partial x}{\partial\theta} + \hat{y}\frac{\partial y}{\partial\theta} \equiv \overrightarrow{U_\theta}$$
$$\frac{\partial\vec{r}}{\partial\rho} = \lim_{\Delta\rho\to 0}\frac{\vec{r}(\rho+\Delta\rho,\theta) - \vec{r}(\rho,\theta)}{\Delta\rho} = \frac{(\Delta\vec{r})_\theta}{\Delta\rho}\vec{\rho}$$
$$\frac{\partial\vec{r}}{\partial\theta} = \lim_{\Delta\theta\to 0}\frac{\vec{r}(\rho,\theta+\Delta\theta) - \vec{r}(\rho,\theta)}{\Delta\theta} = \frac{(\Delta\vec{r})_\rho}{\Delta\theta}\hat{\theta}$$
$$\overrightarrow{U_\rho}\times\overrightarrow{U_\theta} = \hat{z}\left|(\Delta\vec{r})_\theta\right|\left|(\Delta\vec{r})_\rho\right| / \Delta\rho\Delta\theta$$

면적소 $dA = \left|(\Delta\vec{r})_\theta\right|\left|(\Delta\vec{r})_\rho\right| = \hat{z}\cdot\overrightarrow{U_\rho}\times\overrightarrow{U_\theta}\,\Delta\rho\Delta\theta$

$$= \hat{z}\cdot\begin{vmatrix}\hat{x} & \hat{y} & \hat{z}\\ x_\rho & y_\rho & 0\\ x_\theta & y_\theta & 0\end{vmatrix}\Delta\rho\Delta\theta$$
$$= \frac{\partial(x,y)}{\partial(\rho,\theta)}d\rho d\theta = J(\rho,\theta)\,d\rho\,d\theta = \rho\,d\rho\,d\theta$$

(3.106)로 변환된 좌표계에서는 면적소에 $J(\rho,\theta) = \rho$를 곱해줌을 알 수 있다.

● 면적적분에서 Maxwell 관계식을 유도함.

열역학 제2법칙 $dU = TdS - pdV$를 상태도면 상에서 한 순환 폐곡선에 따라 적분하면

$\oint dU = 0$이므로

$$\oint_{TS} TdS = \oint_{pV} pdV$$

가 성립한다. 여기에서의 선적분을 면적적분으로 고치면

$$\iint dp\,dV = \iint dT\,dS \tag{3.107}$$

이 식은 계에 가해진 일이 계가 흡수한 열량과 같다는 것을 말한다. (3.107)의 좌변을 (T,S)으로 변환하여 계산하면

$\iint dTdS \frac{\partial(p, V)}{\partial(T,S)} = \iint dTdS$이므로

$$\frac{\partial(p, V)}{\partial(T,S)} = \frac{\partial(T,S)}{\partial(p, V)} = 1 \tag{3.108}$$

이 성립한다.

$\frac{\partial(T,S)}{\partial(p, V)} = \frac{\partial(T,S)}{\partial(x,y)} \frac{\partial(x,y)}{\partial(p, V)}$이므로, 다음 식이 성립한다.

$$\frac{\partial(T,S)}{\partial(x,y)} = \frac{\partial(p, V)}{\partial(x,y)} \tag{3.109}$$

(3.109)을 이용하여, 4개의 Maxwell 관계식을 도출할 수 있다.

1) $(x,y) = (T,p)$로 놓으면

$$\frac{\partial(T,S)}{\partial(T,p)} = \frac{\partial(p, V)}{\partial(T,p)}$$

여기에서 (3.104)를 사용하면

$$\left(\frac{\partial S}{\partial p}\right)_T = -\left(\frac{\partial V}{\partial T}\right)_p \tag{3.110}$$

2) $(x,y) = (T, V)$로 놓으면

$$\frac{\partial(T,S)}{\partial(T, V)} = \frac{\partial(p, V)}{\partial(T, V)}$$

따라서

$$\left(\frac{\partial S}{\partial V}\right)_T = \left(\frac{\partial p}{\partial T}\right)_V \tag{3.111}$$

3) $(x,y) = (p, S)$로 놓으면

$$\frac{\partial(T,S)}{\partial(p,S)} = \frac{\partial(p, V)}{\partial(p,S)}$$

따라서

$$\left(\frac{\partial T}{\partial p}\right)_S = \left(\frac{\partial V}{\partial S}\right)_p \tag{3.112}$$

4) $(x, y) = (S, V)$로 놓으면

$$\frac{\partial(T, S)}{\partial(S, V)} = \frac{\partial(p, V)}{\partial(S, V)}$$

따라서

$$-\left(\frac{\partial T}{\partial V}\right)_S = \left(\frac{\partial p}{\partial S}\right)_V \tag{3.113}$$

(3.110)-(3.113)은 앞에서 구한 Maxwell 관계식이다.

예제 **온도가 각각 T_1과 $T_2(T_1 > T_2)$인 두 물체가 있다. 물체 1에서 물체 2로 열 δQ가 이동했다고 하면, 이 계(1과 2로 구성된 복합계)의 엔트로피의 변화는 얼마인가?**

해 계 전체의 엔트로피의 변화는 각각의 물체의 엔트로피 변화의 합이다: $dS = dS_1 + dS_2$.

여기에서

$$dS_1 = -\frac{\delta Q}{T_1},\ dS_2 = +\frac{\delta Q}{T_2}$$

따라서

$$dS = \delta Q\left(\frac{1}{T_2} - \frac{1}{T_1}\right) = \delta Q\frac{T_1 - T_2}{T_1 T_2} > 0$$

열이 이동한 후에 계의 엔트로피는 증가하였다. 모든 실제상황에서 엔트로피는 항상 증가한다(이것은 다음에 설명하려고 하는 제2법칙이다). 위 식에 따라서 두 물체가 같은 온도가 될 때까지 계의 엔트로피는 증가하며, 온도가 같아지면 즉 계가 평형상태에 이르면, 계의 엔트로피는 증가를 멈춘다($dS = 0$). 계의 엔트로피 S는 이때 (즉 평형상태에서) 최대가 된다.

예제 식 (2.42)와 (3.63)은 모두 비열의 비 γ에 관한 식이다. 전자는 제1법칙을 두 상태도면에서 고려하여 유도하였고 후자는 편도함수 관계식을 이용한 수학적 유도로써 얻었다. 이 관계식은 매우 유용한 관계식이므로 여기에서 제3의 방법을 사용하여 도출하겠다.

(참고문헌: Pippard의 책, p. 63) 내부 에너지 U를 (p, V) 도면에서 고려하자. 그림 (3.1)에서, $A = (p_0, V_0)$. A 근방의 한 점에서의 U값은 다음과 같이 Taylor 전개하여 얻을 수 있다.

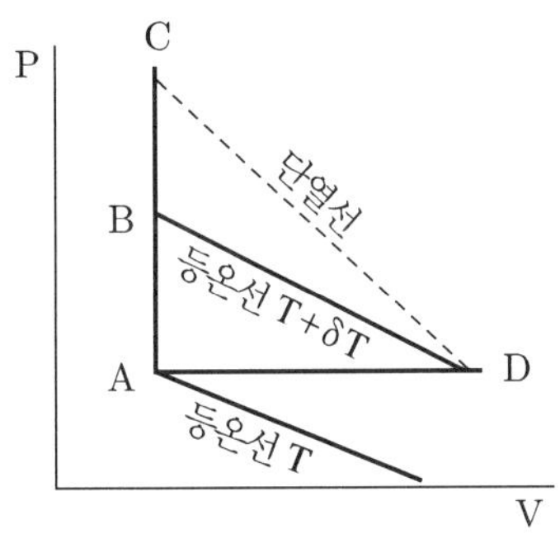

[그림 3.1]

$$U(p_0 + dp,\ V_0 + dV) = U(p_0,\ V_0) + \left(\frac{\partial U}{\partial p}\right)_V dp + \left(\frac{\partial U}{\partial V}\right)_p dV$$

위에서 고차 미분항은 무시하였다. 이제, A 점과 C 점에서의 U의 차이를 경로 ABC와 경로 ADC에 따라 구하고 이 결과를 같이 놓으려 한다. 경로 ABC에 따라서는 $dV = 0$이므로, U의 차이는 $\left(\frac{\partial U}{\partial p}\right)_V dp$ 에 의하여 결정된다.

다음 식이 성립함을 알 수 있다.

$$U_B - U_A = C_V dT$$

따라서,

$$U_C - U_A = \frac{AC}{AB} C_V dT = g C_V dT \tag{3.114}$$

위에서

$$g = \frac{AC/AD}{AB/AD} = \frac{\text{단열선의 구배}}{\text{등온선의 구배}} = \left(\frac{\partial p}{\partial V}\right)_{ad} \Big/ \left(\frac{\partial p}{\partial V}\right)_T \tag{3.115}$$

한편 경로 ADC를 따라가면 제1법칙 $dU = \delta Q - pdV = C_p dT - pdV$를 경로 AD에 적용하여, 다음을 얻는다.

$$U_D - U_A = C_p\, dT - p_0 dV \quad (dV = AD)$$

경로 DC는 단열선이므로

$$U_C - U_D = p_0 dV$$

위의 두 식을 보태면

$$U_C - U_A = C_P dT \tag{3.116}$$

(3.114)-(3.116)에서 다음 결과를 얻는다.

$$g = C_p / C_V = \gamma = \left(\frac{\partial p}{\partial V}\right)_{ad} \Big/ \left(\frac{\partial p}{\partial V}\right)_T \tag{3.117}$$

Joule의 자유팽창 실험

단열벽으로 이루어진 용기가 일부분은 진공, 일부분은 이상기체로 구분되어 있다(기체의 체적은 V_1). 구분막을 제거하여 기체가 진공으로의 자유팽창을 허용하면, 나중 상태의 기체는 체적 V_2로 팽창하였다. 처음과 나중 상태의 기체의 온도에 변화가 없다는 것이 이 실험의 결과이다($\Delta T = 0$). 열을 차단했으므로 $\delta Q = 0$. 또한 팽창하는 동안 기체가 한 일도 0이다(자유팽창: pdV에서 $p = 0$이다). 따라서 제1법칙은 $\Delta U = \Delta W + \Delta Q = 0$이다. 즉 이상기체의 내부 에너지는 온도가 일정할 때 체적의 변화에 의하여 변하지 않는다. 이것을 수식으로 써보면

$$\left(\frac{\partial U}{\partial V}\right)_T = 0 \qquad \text{(이상기체)} \tag{3.118}$$

위 식이 Joule의 자유팽창 실험 결과이다.

$dU = TdS - pdV$의 양변을 dV로 나누면

$$\left(\frac{\partial U}{\partial V}\right)_T = T\left(\frac{\partial S}{\partial V}\right)_T - p = T\left(\frac{\partial p}{\partial T}\right)_V - p \quad \text{(Maxwell 관계식 사용)}$$

따라서 이상기체에 대해서 다음 식이 성립한다.

$$\left(\frac{\partial p}{\partial T}\right)_V = \frac{p}{T} \tag{3.119}$$

식 (3.118)은 분자운동론 (kinetic theory)의 관점에서도 타당하다. 제1장에서 이상기체의 내부 에너지 U는 분자의 속도와 분자의 개수에만 달려 있다. 분자속도의 평균치는 온도 T이다. 따라서 계의 체적을 달리해도 U는 변하지 않는다는 것이 이상기체의 분자운동론의 결과이다. (3.119) 식을 다시 쓰면 $\frac{dp}{p} = \frac{dT}{T}(at\ V = cnst.)$. 이 식을 적분하면

$$\ln p = \ln T + const. \quad p = const. \times T \ \text{(at V=const.)} \tag{3.120}$$

이 결과는 이상기체의 상태방정식 $p = \frac{R}{V}T$와 모순되지 않는다. 온도의 관점에서 보면 식 (1.2)나 (1.3)에서 정의되는 T와 (3.120)으로 정의되는 T(Joule의 실험결과)가 동일하다는 이론적 일치성을 확인할 수 있다.

제4장 열역학 제2법칙 II

● **단열선(adiabatics), 단열면(adiabatic surface).**

$\delta Q=0$으로 할 때 제1법칙을 적분하여 얻은 곡선 또는 곡면을 말한다. 그러한 적분이 항상 가능한 것이 아니고 적분이 안 될 때도 있다. 물론 그러한 경우에는 단열선이나 단열면은 존재하지 않는다. 단열선이 존재할 때 제1법칙을 (δQ를 포함해서) 적분 가능하게 하는 적분인자가 존재한다. 앞에서 $\frac{1}{T}$이 적분인자임을 보았는데, 단열선의 존재 여부가 엔트로피 함수 S가 정의될 수 있는지의 여부와 수학적 연관성이 있다. 이 점이 엔트로피에 대한 Caratheodory 이론의 출발이다. 이상기체에서 $pV^{\gamma}=const.$는 (p,V)면에서 단열선을 그린다. 여기서 등온선(isotherm)과 비교해 보면 $\gamma=5/3$이므로 단열선의 기울기가 더 급하다. 등온선은 $PV=const.$이다. 그림 (5.2)는 단열팽창(adiabatic expansion)과 등온팽창(isothermal expansion)의 모양을 보여준다. 이상기체에서 단열선 $pV^{\gamma}=const.$ 를 어떻게 유도했는지를 상기하고, 실제 기체에서 단열선을 구하는 방법은 다음과 같다.

$dU=\delta Q-pdV$에서 $\delta Q=0$으로 놓고, $dU=\left(\frac{\partial U}{\partial p}\right)_V dp+\left(\frac{\partial U}{\partial V}\right)_p dV$라고 쓰면, 다음 식을 얻는다.

$$\left[\left(\frac{\partial U}{\partial V}\right)_p+p\right]dV+\left(\frac{\partial U}{\partial p}\right)_V dp=0 \tag{4.1}$$

(p,V)면에서 곡선의 기울기 dp/dV는 $\left(\frac{\partial U}{\partial p}\right)_V$, $\left(\frac{\partial U}{\partial V}\right)_p$, p의 값으로 결정되는데 이들의 초기치에서 시작하여 수치적분식으로 $p(V)$ 곡선을 그려낼 수 있고, 또 다른 초기치에 대하여 반복하면 단열면을 그려낼 수 있다. 제1법칙이 이 예에서처럼 두 변수만 가지고 나타내 질 때는 단열면이 항상 존재한다. 그러나 단순기체가 아닌 복합기체에서 제1법칙이 3개 이상의 독립변수를 포함한 경우에는 단열면의 존재여부 및 그것의 유일성은 간단히 결정할

수 없다.

이상기체의 단열선을 (T, V)면에서 구해보면 $U = C_V T$이므로

$$C_V dT + \frac{RT}{V} dV = 0 \tag{4.2}$$

를 풀어서 얻을 수 있다. 시찰로, 양변을 T로 나누어주면 적분 가능한 꼴이 됨을 알 수 있다. 미분식 (4.2)의 적분인자는 $1/T$이다. 그리고 단열선이 존재한다. $pV^\gamma = const.$, 또는 $TV^{\gamma-1} = const.$ 단열선이 존재하면 제1법칙에서 $\delta Q \times$적분인자 한 양은 완전미분량이다. 이 물리량이 dS, 즉 엔트로피의 미분이다. 이 경우 제1법칙은 $dS = d\ln(TV^{\gamma-1})$이 되고

$$S = \ln T + (\gamma - 1)\ln V + const. \tag{4.3}$$

가 된다.

예제 **이상기체에 대하여 (p, V)면에서 단열선을 구하고 적분인자를 발견하라.**

해 $\delta Q = dU + pdV$에서 $\delta Q = 0$, $dU = C_V dT = \dfrac{C_V}{R} pV$를 쓰면 $\gamma p dV + V dp = 0$를 얻는다. 시찰로 적분인자는 $\dfrac{1}{pV} = \dfrac{1}{RT}$ 이다. 즉 핵심적으로 $1/T$가 적분인자 이며, $\delta Q/T$는 완전 미분이다. 단열선은 $pV^\gamma = const.$ 이다.

예제 **Van der Waals 기체에서 단열선과 적분인자를 구하라.**

해 Van der Waals 기체의 상태방정식은

$$\left(p + \frac{a}{V^2}\right)(V_b - b) = RT \tag{4.4}$$

먼저 Van der Waals 기체의 내부에너지를 구하자. 이때 (3.71)식이 유용하다.

$$\left(\frac{\partial U}{\partial V}\right)_T = T\left(\frac{\partial p}{\partial T}\right)_V - p \tag{4.5}$$

(4.4)를 (4.5)에 넣으면 $\left(\dfrac{\partial U}{\partial V}\right)_T = \dfrac{a}{V^2}$을 얻는다. 적분하면

$$U = -\frac{a}{V} + f(T)$$

여기서 $f(T)$를 결정하기 위해서는 비열에 관한 data가 필요하다.

$$C_V = \left(\frac{\partial U}{\partial T}\right)_V = f'(T)$$

C_V가 일정하다고 가정하면

$$f(T) = C_V T + const.$$

따라서

$$U = -\frac{a}{V} + C_V T + const. \tag{4.6}$$

(4.6)은 Van der Waals 기체의 내부에너지이다. Van der Waals 기체의 단열선은 $dU + pdV = 0$에서 구해진다. 계산 후에 다음 식을 얻는다.

$C_V dT + \frac{dV}{V-b} RT = 0$. 시찰로 $1/T$ 이 적분인자임을 알 수 있고 단열선은

$$T(V-b)^{\gamma-1} = const. \tag{4.7}$$

또 이때 $\delta Q/T$가 완전미분량이다.

Caratheodory 이론은 이상의 내용을 수학적으로 일반화한 것이다.

● 제2법칙의 수학적 도출

제1법칙 $\delta Q = dU + pdV$의 우변은 상태함수와 상태함수의 미분을 곱한 꼴이다. 일반적으로 $\sum_i X_i(x_j)\,dx_i$ $(i, j = 1,2,3,..n)$꼴이다. 이 표현을 0으로 놓은 미분식 (가령 3변수의 경우) $X_1(x_1,x_2,x_3)\,dx_1 + X_2(x_1,x_2,x_3)\,dx_2 + X_3(x_1,x_2,x_3)\,dx_3 = 0$이 Pfaff Equation이다. 제1법칙에서 δQ를 0으로 놓으면 Pfaff Equation 꼴이 된다.

일은 대표적으로 pdV이지만 여러 가지 형태의 일을 생각할 수 있고, 이때 일반화일(generalized work)은 $\sum_i X_i(x_j)\,dx_i$ $(i, j = 1,2,3,..n)$ 형태를 취한다. 변형과 변형력 사이에는 힘 × 거리, 표면장력이 작용할 때는 표면장력 × 면적, 전자기력이 있을 때에는 자기장 × 자기능율(magnetic moment) 등이 일반

화 일의 형태이다. 제1법칙은 일반화힘(generalized force) × 일반화 미소변위 (generalized infinitesimal displacement) = 일반화일(generalized work)로 놓고 $\delta Q = dU + \sum_i X_i(x_j)dx_i$로 쓸 수 있다. 이 식의 우변은 미소변위를 고려한 것이므로 상태변수 도면 상에서 곡선을 따라 계산할 수 있다. 그러나 이 식이 적분 가능하기 위해서는 적분인자를 찾아서 우변을 완전미분되게 해야 한다. 앞에서는 $dU + pdV$가 완전 미분이 되게 하려면 적분인자 T로 나누어 $(dU + pdV)/T = dS$되는 미분 가능한 함수 S를 찾았고 이제 제1법칙은 $dU + pdV = TdS$ 형태로서 열의 흐름이라는 물리량 δQ를 완전 제거하였다. 제2법칙을 수학적으로 도출한 Caratheodory는 열은 잊어버리고 $\sum_i X_i(x_j)dx_i = 0$(dU까지 흡수시켜서)라는 불완전 미분식 Pfaff Eq.만 가지고 엔트로피 S를 도출하였다. 이 접근법이 수학자에게는 매력적일 수 있지만 δQ는 엄연한 물리적 실체가 있으므로 이것을 완전 무시하면 물리적 그림을 놓칠 수도 있을 것이다. 그러나, Caratheodory의 이론의 핵심을 표현한 서술 "엔트로피의 변화를 수반하지 않고서는 상태도면 상에서 두 점이 서로 접근할 수 없는 점들이 무수히 많다"은 엔트로피 함수의 존재를 가장 간명하게 천명한 말이라고 생각된다.

㈜ 인용부호 속의 말은 Caratheodory의 서술이 아니고, 저자가 그의 내용을 요약한 것임.

이 절에서는 Pfaff Eq.을 가지고 S를 도출하고, 다음 장에서는 Kelvin이나 Clausius, Carnot가 했던 대로 δQ의 도움을 받아 S를 정의하기로 한다.
이 목적에 따라, 다음 형태의 Pfaff Eq.을 연구하자.

$$P(x,y,z)\,dx + Q(x,y,z)\,dy + R(x,y,z)dz = 0 \tag{4.8}$$

식 (4.8) 자체로는 적분가능하지 않고 적분인자 $\mu(x,y,z)$를 곱해서 적분가능하다고 가정하면

$$\mu[P(x,y,z)dx + Q(x,y,z)dy + R(x,y,z)dz)] = 0 \tag{4.9}$$

이 식의 해를 다음과 같이 쓸 수 있다.

$$F(x,y,z) = const. \tag{4.10}$$

(4.10)을 미분하여

$$dF = F_x dx + F_y dy + F_z dz = 0 \tag{4.11}$$

여기에서 첨자는 미분을 나타내는 축약기호이다. (4.9)와 (4.11)에서

$$F_x = \mu P,\ \ F_y = \mu Q,\ \ F_z = \mu Q \tag{4.12}$$

이라면, (4.10)의 F는 (4.9)를 만족한다. 따라서 적분인자는 다음 식을 만족해야한다.

$$\mu = \frac{F_x}{P} = \frac{F_y}{Q} = \frac{F_z}{R} \tag{4.13}$$

한편, $F_{xy} = F_{yx}$ 이므로 $(\mu P)_y = (\mu Q)_x$, 즉

$$\mu(P_y - Q_x) = Q\mu_x - P\mu_y \tag{4.14}$$

같은 논리에 의하여 다음 식을 얻는다.

$$\mu(Q_z - R_y) = R\mu_y - Q\mu_z \tag{4.15}$$

$$\mu(R_x - P_z) = P\mu_z - R\mu_x \tag{4.16}$$

$(4.14)\times R + (4.15)\times P + (4.16)\times Q$를 하면

$$R(P_y - Q_x) + P(Q_z - R_y) + Q(R_x - P_z) = 0 \tag{4.17}$$

이 됨을 확인할 수 있다. (4.17)은 (P, Q, R)로 이루어진 벡타 $\overrightarrow{X} = (P, Q, R)$의 curl, 즉 $\overrightarrow{\nabla} \times \overrightarrow{X} = 0$가 됨을 나타낸다.

위의 전개 내용을 다시 한번 정리하자. 단열선 (단열면)의 존재 여부는 수학적으로 바꾸어 말하면 고려하는 Pfaff Eq.이 적분 가능한가의 여부이다(적분인자를 곱해서).

세 변수의 경우, 제1법칙은

$$\delta Q = X_1(x_1, x_2, x_3)\,dx_1 + X_2(x_1, x_2, x_3)\,dx_2 + X_3(x_1, x_2, x_3)\,dx_3 \tag{4.18}$$

$\delta Q=0$일 때, (4.18)을 만족하는 점들의 집합이 단열면이다. 이 식을 벡타 형식으로 쓰면 $\vec{R} = (X_1, X_2, X_3)$, $\vec{r} = (x_1, x_2, x_3)$라고 놓았을 때, $\vec{R} \cdot d\vec{r} = 0$ 이다.

$$\vec{R} = \vec{\nabla} F \tag{4.19}$$

이면
$\vec{R} \cdot d\vec{r} = dF = \dfrac{\partial F}{\partial x_i} dx_i = 0$이므로, $F(x_1, x_2, x_3) = const.$가 단열면이다.

$$\vec{\nabla} \times \vec{R} = 0 \tag{4.20}$$

이면 $\vec{R}$은 $\vec{\nabla} F$로 놓을 수 있고 (4.20)의 조건하에서 $F(x_1, x_2, x_3) = const.$라는 적분된 곡면 즉 단열면이 존재한다. 이 진술의 역도 성립한다.
단열면이 존재하면 (4.18)의 우변을 0으로 하는 Pfaff Eq.에 대하여 적분인자 μ가 있어서 이것을 (4.18)에 곱했을 때 $\mu[X_1(x_1, x_2, x_3)\,dx_1 + X_2(x_1, x_2, x_3)\,dx_2 + X_3(x_1, x_2, x_3)\,dx_3]$는 완전미분이 된다. 따라서 $\mu\delta Q$는 완전미분량이고 $\mu\delta Q = dS$로써 엔트로피 S가 상태변수로서 도입된다.
위의 전개를 2변수 단일계에 대하여 적용하겠다. 다음 식을 생각하자.

$$P(x,y)\,dx + Q(x,y)\,dy = 0 \tag{4.21}$$

위의 식에 μ를 곱하면 완전미분이 된다고 보고 다음과 같이 쓸 수 있다.

$$\mu(P\,dx + Q\,dy) = dF = F_x\,dx + F_y\,dy = 0$$

따라서,

$$\mu = \frac{F_x}{P} = \frac{F_y}{Q} \tag{4.22}$$

예제

제1법칙을 (T, V)도면에서 쓰면

$$\delta Q=\left(\frac{\partial U}{\partial T}\right)_V dT+\left[p(T, V)+\left(\frac{\partial U}{\partial V}\right)_T\right] dV \tag{4.23}$$

우변을 0으로 해서 얻어지는 adiabatic은

$$\phi= TV^{\gamma-1}=const. \equiv \mathrm{C} \tag{4.24}$$

$\mathrm{P}=\left(\frac{\partial U}{\partial T}\right)_V$, $\mathrm{Q}=p(T, V)+\left(\frac{\partial U}{\partial V}\right)_T$로 놓고 (4.22)를 적용하면

$$\mu=\frac{C}{TC_V} \tag{4.25}$$

를 얻는다. 이때 $U=C_V T$를 사용하였다. $\mu=\frac{\phi_V}{Q}$에서 얻어지는 적분인자도 같은 값을 주는 것을 확인하기 바란다. (4.25)에서 상수들을 떼어 버리면 적분인자는 $1/T$이다.

예제 Van der Waals **기체에 대하여 위의 예제와 같은 방식으로** $\mu=\frac{C}{TC_V}$**를 증명하라.**

해 생략

● **절대온도(Absolute temperature).**

적분인자를 도입하여 제1법칙을

$$\delta Q=\mu(p, V)\, d\phi(p, V) \tag{4.26}$$

라고 쓰자. 기체의 상태방정식을 일반적으로 $f(p, V)=F(\theta)$라고 하면 (θ는 절대온도 T와 관련있는 온도인데 상태방정식의 일반형으로 이렇게 놓자) 독립변수를 (p, V)에서 (ϕ, θ)로 바꿀 수 있다. $\phi=$상수는 단열선을 나타낸다.

그러면 $\mu(p, V) \rightarrow \mu(\phi, \theta) = A(\phi)\lambda(\theta)$, 곱의 꼴로 나타낼 수 있다.
이 표현으로부터

$$\frac{1}{\mu}\frac{d\mu}{d\theta} = \frac{1}{\lambda}\frac{d\lambda}{d\theta} \equiv g(\theta) \tag{4.27}$$

위 식을 적분하면

$$\mu(\phi, \theta) = A(\phi)\ \exp\ \left(\int^{\theta} g(\theta)\, d\theta\right) \tag{4.28}$$

위 식에서 절대온도 T를 다음관계식으로 정의한다.

$$T(\theta) = C\ \exp\ \left(\int^{\theta} g(\theta)\, d\theta\right)$$

여기에서 상수 C가 θ와 T를 연결시키는데 물의 비등점과 빙점 사이에서 T가 100단위 증가한다고 가정하면 C가 결정된다.

$$\delta Q = \mu d\phi = A\ \exp = \left(\int^{\theta} g(\theta)\, d\theta\right) d\phi = A(\phi)\ T\ d\phi / C = TdS$$

라고 놓으면

$$A(\phi) = C\ \frac{dS}{d\phi} \tag{4.29}$$

Caratheodory 이론.

Caratheodory는 제2법칙을 수학적으로 정의하여 다음과 같이 서술하였다.
"어떤 계의 평형상태 근방에는 비환열 과정(adiathermal process)으로는 연결될 수 없는 상태가 많이 있다."

[주] 여기에서 비환열 과정이란 $\delta Q = 0$이지만 $dW \neq 0$인 과정을 말한다. 즉 단열이지만 일을 주거나 받거나 할 수 있다.

Pippard 책에 적힌대로 영문을 옮겨보면, "In the neighborhood of any equilibrium state of a system, there are states which are inaccessible by an adiathermal process.” 이 서술만 가지고는 이것이 과연 제2법칙을 말하고 있는 것인지 감이 잡히지 않는다. 여기에서 “연결된다 또는 accessible 하다”라고 말하는 것은 상태도면 상에서 선을 따라간다(평형상태를 이어가는)는 의미로 생각한다. 물리적으로, 예컨대, (p_1, V_1)의 상태에 있는 기체를 생각하자. 이 기체를 단열적으로 압축 또는 팽창시켜서, 원하는 상태가 (p_2, V_2)라고 정했다면, 과연 그렇게 정해 놓은 상태로 변환시킬 수 있는가? 답은 열량 유입이나 유출의 도움 없이는 뜻대로 되지 않는다는 것이다. 단열적으로 일만 가지고는, 우리가 실현 시킬수 없는 상태가 무수히 많이 있다는 것이 Caratheodory의 서술이다. 복합계이거나 단일계이거나, 일반적으로 $dU+pdV=0$을 만족하는 단열 선을 $\phi(x_1, x_2, ..., x_n)=C$로 나타내자. 이것은 다중차원에서의 곡면 인데 한 곡면 상의 단열선을 그리고, 인접한 단열면 상에서 단열선을 그리자(그림 4.1).

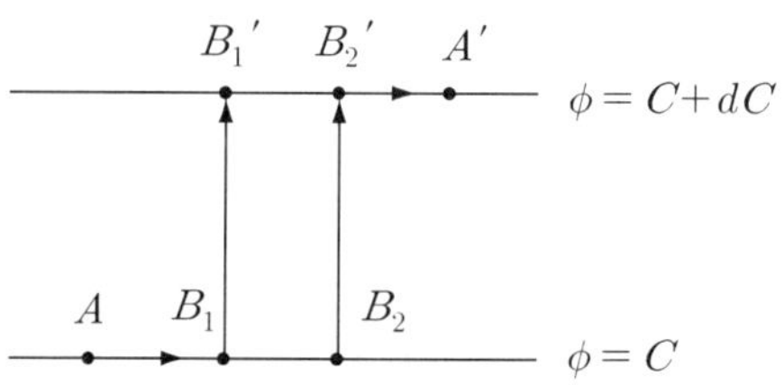

[그림 4.1]

한 선은 $\phi=C$에 대응하고 또 하나의 선은 $\phi=C+dC$에 대응한다. 각각의 선에서는 $d\phi=0$이며 상태점이 열의 공급없이 $(\delta Q=0)$ 자유롭게 이동할 수 있다. 그러나 $A\rightarrow A'$으로의 이동에서는 ϕ의 값이 dC만큼 변하며, 그 상태의 변화에 상응하는 열량의 공급 또는 유출 δQ가 있다. $A\rightarrow B_1$이나 $A\rightarrow B_2$로의 이동은 열량없이 이루어지지만 $B_1\rightarrow B_1'$이나 $B_2\rightarrow B_2'$으로의 이동에는 함수값 ϕ의 변화 $d\phi=dC$와 아울러, 열량의 변화 δQ가 따른다.

함수값 ϕ의 변화 $d\phi=dC$는 B_1에서나 B_2에서나 똑같지만 δQ는 경로의존량이므로 B_1에서 뛸 때와 B_2에서 뛸 때 값이 서로 다르다. 따라서 δQ는 B점에서의 좌표의 함수로 볼 수 있고 $\delta Q=\mu(B)d\phi$라고 쓸 수 있다. 즉,

$$d\phi=\frac{\delta Q}{\mu(x_1, x_2, \ldots x_n)} \tag{4.30}$$

의 형태로 쓸 수 있고, $d\phi$는 완전미분, μ는 적분인자이다.
(4.30)에 ϕ의 임의의 함수 $F(\phi)$를 곱하면 $F(\phi)d\phi = F(\phi)\delta Q/\mu$인데, $F(\phi) = dG(\phi)/d\phi$ 되는 $G(\phi)$를 도입하여 $dG(\phi) = \frac{F}{\mu}\delta Q$이 된다. 이 식의 좌변은 완전 미분이므로 F/μ가 적분인자이다. 이런 식으로 무수히 많은 적분인자를 생성시킬 수 있다.
(4.30)는 엔트로피 dS를 나타내며, Caratheodory의 서술은 달리 말하면 "엔트로피의 변화를 수반하지 않고는 접근할 수 없는 점이 무수히 많다"라고 말할 수 있다.
Caratheodory의 서술이 Pfaff Eq.의 수학적 성질을 설파한 것 이상으로 물리적 의미가 있기 위해서는 제2법칙에 대한 다른 서술[다음 장에서 다루는 Kelvin 이나, Clausius의 것]과 내용적으로 부합하다는 것을 논리적으로 연역 또는 귀납하여 밝히는 것이 바람직하다. 결론은 긍정적이며, 그 이론적 가치가 인정되었다. 어떤 학자는 열역학에서의 Caratheodory 이론이 역학에서 변분이론에 따르는 Hamilton 방정식에 대응한다고 보기도 한다. 이 이론에 대한 참고문헌에 다음 논문들이 있다.

- Caratheodory, C. : Math. Ann. 67, 355(1909)
- Caratheodory 이론을 재논의한 논문으로
  - Born, M.: Physik. Z. 22, 218, 249, 282(1922)
  - Buchdahl, H. A. : Am. J. Phys. 17, 41, 44, 212(1949).

제5장 열역학 제2법칙 III

역사적으로 열역학 제2법칙은 열 → 일로 바꾸거나, 일 → 열로 바꾸는 문제와 관련하여 서술되었으며, 당연히 열을 일로 바꾸어 주는 기계, 즉 엔진의 운영과 그 효율에 관한 연구의 결과이다. 제1법칙에 따르면, 열 → 일의 변환이나, 일 → 열이거나, 아무런 제약없이 양방향으로 가능하다. 그러나 제2법칙은 열 → 일의 변환에 제약을 가하고, 이에 따라 엔진의 효율에 제한을 가져오며, 보다 심오하게는 엔트로피 증가의 법칙으로 이어진다.

일을 열로 바꾸는 데는 제한이 없다. 어떤 물체이건 그것의 온도와 관계없이 마찰에 의하여 가열될 수 있고 마찰열을 일으키는데 소요되는 일의 양 만큼 열로 변환시킬 수 있다. 그러나 열 → 일로 바꾸는 데는 확실히 제한이 있다. 그렇지 않으면, 해수나 땅속에 담겨 있는 열 에너지를 거의 무제한적으로 동력으로 바꾸어 사용할 수 있을 것이다.

열역학 제2법칙은 다음 2가지 형태로 서술되었다.

- Kelvin: 일정한 온도에 있는 한 개의 열원 (Heat source)으로부터, 열을 뽑아서 이 열을 완전히 일로 바꾸어 주고 여타의 효과를 발생시키지 않는 과정은 불가능하다. (K)
- Clausius: 더 차거운 물체로부터 더 뜨거운 물체로 열을 이동시키고 여타의 효과를 발생시키지 않는 과정은 불가능하다. (C)

이상의 서술에서 "여타의 효과를 발생시키지 않는다"는 문구에 주의해야 한다. 서술 (K)에서, 열원으로부터 열을 뽑아서 열량 전부를 일로 변환시키는 것이 불가능하지 않으나, 그 과정의 끝에서 계의 상태의 변화가 반드시 나타난다는 뜻이다. 서술 (K)는 아무런 상태의 변화를 초래하지 않고 단지 열을 뽑아서 모두 일로 바꾸지는 못한다는 내용이다.

(K)와 (C)의 서술이 동일하다는 것을 증명하기 전에 열원(heat source, 또는 heat reservoir)의 말 뜻을 명확히 해 두자. 어떤 열적 존재가 일정한 온도 T로써 평형상태에 있으면서, 그 주변과 열을 교환하면서도 일은 주고받지 않을 때 그러한 열적 존재는 열원이다. 체적의 변화가 없고 일정한 온도를 유지하

고 있는 물은 열원이라 부를 수 있다. (열의 출입에도 불구하고) [바다와 같이 거대한 담수호가 주변과 물을 주고 받지만 그 체적의 변화가 없다고 할 때 거대한 담수호는 수원이다.]

Kelvin을 검토하기 전에 우선 이상기체의 등온 팽창을 생각하자. 그림 (5.1)

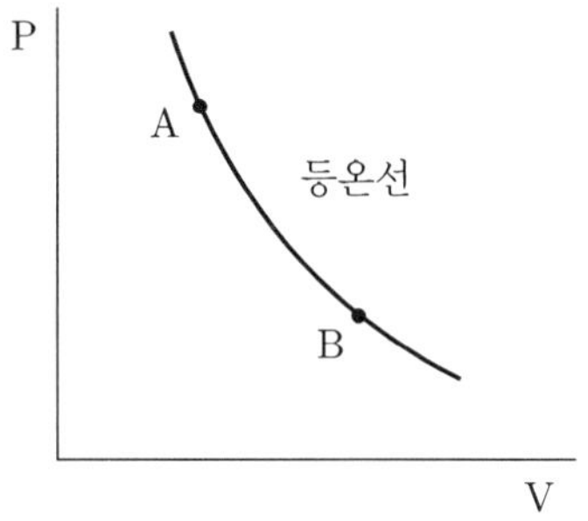

[그림 5.1]

이 이상기체는 온도 T의 열원과 열접촉 상태에 있다. A 상태에서 열원으로부터 열을 흡수하면서 등온팽창하여 B에 이른다. 내부에너지는 온도만의 함수이므로 A와 B에서의 내부에너지 값은 같다. 따라서 $dU=\delta Q-pdV=0$이므로 $\delta Q=pdV$ 로 A에서 흡수한 열량만큼 외부에 일을 하여 완전히 열량을 일로 바꾸었다. 이것은 서술 (K)에 위배되지 않는다. 왜냐하면 B에서는 체적이 늘어나 상태가 달라졌기 때문이다. (K)의 진위를 따지려면 처음으로 돌아오는 순환 과정을 생각해야 할 것이다.

(K)와 (C)가 상등하다는 것을 보이는 방법은 논리학의 연역 귀납법을 사용하여

1) K: 오류 → C: 오류

2) C: 오류 → K: 오류

를 보이는 것이다.

1) (K)가 거짓이라고 하자. 즉 온도 T_1의 열원으로부터 열을 뽑아 100% 일로 바꿀 수 있다고 하자. 이때의 일은 열원과 접촉되어 있는 물체에 마찰열을 일으켜 그 물체의 온도를 올릴 수 있다. 그 물체의 온도가 열원의 온도 T_1 보다 높거나 낮거나 상관없이 가능하다. 물체의 온도가 T_1 보다 높은 상태였다면 낮은 온도의 열원에서 높은 온도의 물체로 열을 이동시킨 결과가 된다. 이것은 (C)가 거짓이라는 말이 된다.

2) (C)가 오류라면 (K)도 오류라는 것을 보이기 위하여 Carnot cycle(순환)을 생각하자. Carnot 순환을 고찰하면 1)에서처럼 마찰열의 도입 없이 1)과 2)를 동시에 보일 수 있다. Carnot 순환은 다음 4 과정으로 구성되어 있다. 그림 (5.2)

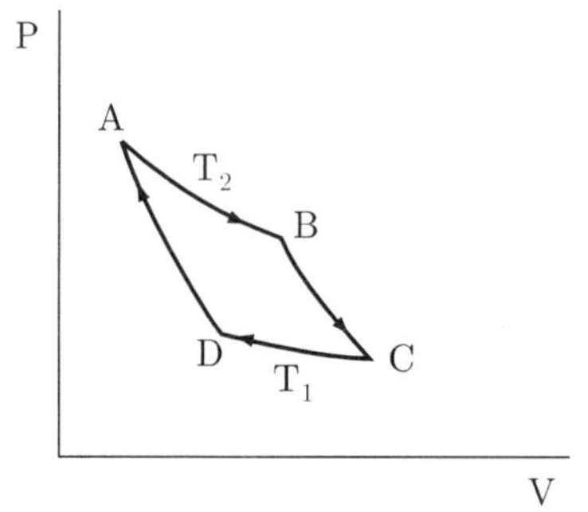

[그림 5.2]

- A → B : 등온 팽창(온도 T_2)
- B → C : 단열 팽창
- C → D : 등온 수축(온도 T_1)
- D → A : 단열 수축

이 Carnot 순환을 수행하는 물질을 이상기체라 하고 위의 4단계 과정을 자세히 검토하겠다.

1) A→ B : 등온 과정이므로 내부에너지의 변화가 없다. 기체가 외부에 한일 = 흡수한 열 Q_2이므로 다음 식이 성립한다.

$$Q_2 = \int_{V_A}^{V_B} p\,dV = R\ T_2 \int_{V_A}^{V_B} \frac{dV}{V} = RT_2\ \ln \frac{V_B}{V_A} \tag{5.1}$$

2) B→ C : 단열 팽창이므로 $\delta Q = dU + p\,dV = 0$ 이고, 기체가 외부에 일을 했으므로 $dU < 0$, 즉 온도가 떨어진다($T_1 < T_2$).

단열 관계식을 쓰면 $T_2\, V_B^{\ \gamma-1} = T_1\, V_C^{\ \gamma-1}$

$$\frac{T_2}{T_1} = \left(\frac{V_C}{V_B}\right)^{\gamma-1} > 1 \tag{5.2}$$

[$V_C > V_B$, $\gamma = \frac{5}{3}$ 이므로]

3) C→ D : 열이 외부로 방출되어야 한다. 방출되는 열을 Q_1이라 하면

$$Q_1 = R T_1 \ \ln \frac{V_C}{V_D} \tag{5.3}$$

4)

$$\text{D} \rightarrow \text{A} : \frac{T_1}{T_2} = \left(\frac{V_A}{V_D} \right)^{\gamma - 1} \tag{5.4}$$

(5.2)와 (5.4)에서

$$\frac{V_A}{V_B} = \frac{V_D}{V_C} \tag{5.5}$$

(5.1) 과 (5.3)에서

$$\frac{Q_2}{Q_1} = \frac{T_2}{T_1} \tag{5.6}$$

$T_1 < T_2$이므로 $Q_2 > Q_1$이어서 한 순환에서 기체가 흡수한 열량은 방출한 열량보다 크다. 한 순환을 마쳤을 때 내부에너지의 변화가 없으므로 기체가 한 일은

$$W = Q_2 - Q_1 \tag{5.7}$$

Carnot 엔진의 효율 η는

$$\eta = \frac{W}{Q_2} = 1 - \frac{T_1}{T_2} \tag{5.8}$$

Carnot 엔진의 구조를 도식적으로 나타내면 그림 (5.3)과 같다. 높은 온도의 열원에서 열량 Q_H를 흡수하여 일부는 동력(일)으로 쓰고 나머지는 낮은 온도의 열원으로 방출한다.

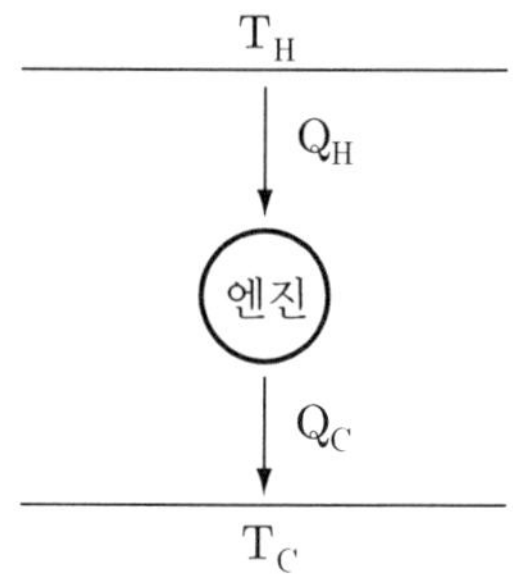

[그림 5.3]

예제 앞의 Carnot 순환은 (T, S) 면에서 다음의 직사각형으로 나타낼 수 있다.

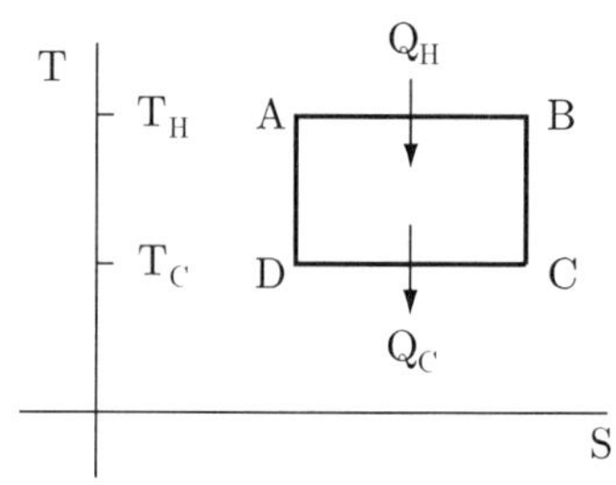

[그림 5.4]

(p, V) 도면에서 면적은 일을 나타내는 것과 같이 (T, S) 도면에서의 면적은 계가 흡수한 열량을 나타낸다. 따라서,

$$Q_H - Q_C = (T_H - T_C) \times \mathrm{AB}$$

$$\begin{aligned}\mathrm{AB} &= S_B - S_A \equiv \Delta S \\ &= \ln T_H^{C_V} V_B^{R} - \ln T_H^{C_V} V_A^{R} = \ln \frac{V_B^{R}}{V_A^{R}} \quad (cf\ \ 3.7)\end{aligned}$$

$$\mathrm{DC} = S_C - S_D = \ln \frac{V_C^{R}}{V_D^{R}}$$

AB=DC이므로 $\dfrac{V_B}{V_A} = \dfrac{V_C}{V_D}$를 얻는다. 따라서

$$Q_H - Q_C = (T_H - T_C)\ \ln \frac{{V_B}^R}{{V_A}^R} = R(T_H - T_C)\ \ln \frac{V_B}{V_A} \tag{5.9}$$

같은 양을 (5.1)과 (5.3)에서 구하면

$$Q_H - Q_C = R\,T_H\ \ln \frac{V_B}{V_A} - RT_C\ \ln \frac{V_C}{V_D} = R\ (T_H - T_C)\ \ln \frac{V_B}{V_A}$$

같은 결과를 얻는다.

앞 장에서 $dS = \dfrac{\delta Q}{T}$ 라는 등식으로 엔트로피를 정의하였다. Carnot 순환을 이용하여 이 장에서도 엔트로피를 똑같이 정의할 것이다. 이 식을 안다고 가정하고 앞의 예제에 적용해 보자.

$$\Delta S_{A\rightarrow B} = \frac{Q_H}{T_H},\ \Delta S_{B\rightarrow C} = 0,\ \Delta S_{C\rightarrow D} = -\frac{Q_C}{T_C},\ \Delta S_{D\rightarrow A} = 0$$

따라서, $\Delta S_{cycle} = \dfrac{Q_H}{T_H} - \dfrac{Q_C}{T_C}$ 인데 제자리로 돌아왔으므로, $\Delta S_{cycle} = 0$이다.

따라서

$$\frac{Q_H}{T_H} = \frac{Q_C}{T_C} \tag{5.10}$$

한편 제1법칙에서 $\Delta U = Q_{total} - W = 0$이어야 하므로, $Q_{total} = W$이다.

여기서 Q_{total}은 사각형의 면적이므로

$Q_{total} - (T_H - T_C)\dfrac{Q_H}{T_H}$ 이므로, Carnot 엔진의 효율은 다음과 같다.

$$\eta = \frac{W}{Q_H} = 1 - \frac{T_C}{T_H} \tag{5.11}$$

여기에서, Carnot 엔진의 효율이 Carnot 순환을 운행시키는 물질에 무관하게 두 열원의 온도 비에 따라서만 결정된다는 점이 중요하다.

Carnot 순환을 사용하여 Kelvin 정리와 Clausius 정리의 상등함을 증명함.

다음 그림 (5.5)는 Kelvin 위배자(Kelvin 정리에 따르지 않는 가상적인 엔진)에 역순으로 운행되는 Carnot 엔진을 연결시킨 것이다. (Carnot 엔진의 역방향 운행은 가능하다.)

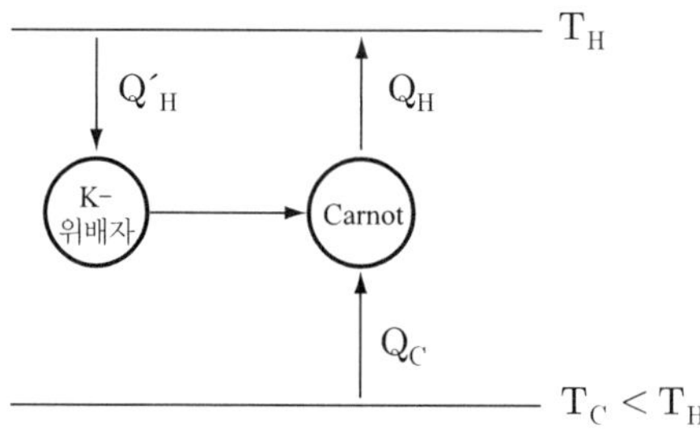

[그림 5.5]

Kelvin 위배자는 $Q_H' = W$되는 일을 생산한다. 역순의 Carnot 엔진은 $Q_H = W + Q_C$의 등식을 만족한다. 따라서, $Q_H - Q_H' = Q_C$가 성립해야 되는데, 이 결과는 낮은 온도의 열원에서 나온 Q_C가 높은 온도의 열원으로 이동한 결과이다. 즉 Clausius의 정리를 위배하였다. 즉 K-위배자는 C-위배자이다.

다음 그림 (5.6)은 Clausius 위배자에 Carnot 엔진을 연결시킨 것이다.

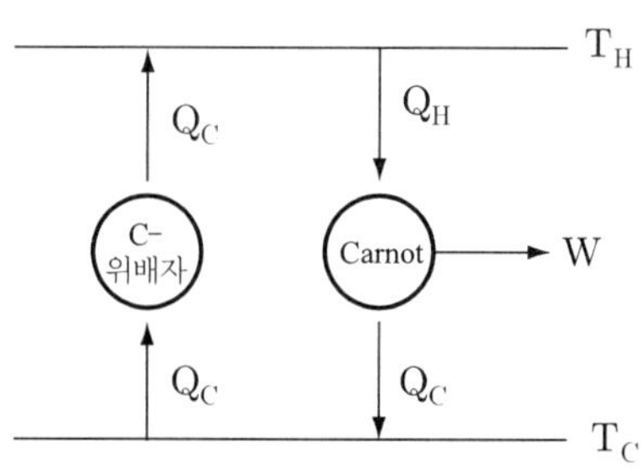

[그림 5.6]

여기에서 $Q_H - Q_C = W$이다. 이 그림은 T_H 열원으로부터 뽑은 열량 Q_H를 100% W로 변환시킨 것을 보여 준다. T_C 열원으로 부터는 Q_C만큼 받았으나 돌려주었다.

즉 C-위배자는 K-위배자이다.

● Carnot의 정리. 두 온도 사이에서 운행되는 열 엔진으로서 Carnot 엔진보다 효율이 높은 엔진은 없다.

위에 서술한 Carnot 정리는 Clausius 정리를 써서 증명할 수 있다. 증명 방법은 Carnot 엔진보다 효율이 높은 엔진은 Clausius 정리를 위배함을 보이는 것이다. Carnot 정리는 또 하나의 제2법칙의 서술이다.

증명 다음 그림 (5.7)은 Carnot 정리를 위배하는 엔진 Ⓔ를 역순으로 운행되는 Carnot 엔진과 연결시킨 것이다.

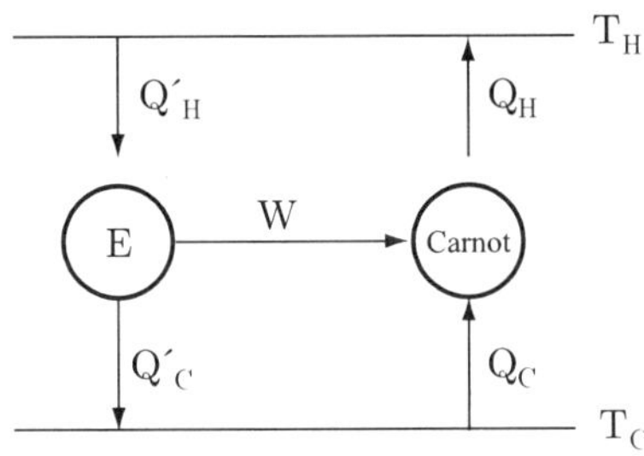

[그림 5.7]

그림에서 $\eta_{Carnot} = \dfrac{W}{Q_H} < \dfrac{W}{Q_H'}$ 을 가정하자. 그러면

$$Q_H > Q_H' \qquad (가)$$

제1법칙에 의하여

$$W = Q_H' - Q_L' = Q_H - Q_L$$

따라서,

$$Q_H - Q_H' = Q_L - Q_L' > 0 \quad ((가)에 따라)$$

이 부등식은 결과적으로 낮은 온도의 열원에서 얼마간의 열이 높은 온도의 열원으로 이동했음을 의미하며 Clausius의 정리에 위배된다. 따라서 Carnot 정리를 위배하는 엔진은 존재할 수 없다.

Clausius의 부등식(Clausius inequality).

$$\oint \frac{\delta Q}{T} \leq 0 \tag{5.12}$$

위에서 선적분 $\oint(\cdots)$는 폐곡선 주위의 적분, 즉 한 순환에 대한 적분을 의미한다. 등호는 가역과정에 대하여 성립한다. 가역과정은 상태도면 상에서 연속 곡선으로 나타낼 수 있으므로, 가역과정의 순환 적분은 당연히 0이다. 부등호는 비가역 과정에 대하여 성립한다. 이 chapter에서는 아직 엔트로피를 정의 또는 도입하지 않았다. $\delta Q/T$가 엔트로피의 미분 dS라는 것을 아는 사람은 (5.12)의 등식 부분을 즉시 인정할 것이다. 왜냐하면 가역과정은 상태도면 상에서 연속 곡선으로 이어질 수 있고, 한 바퀴 돌면 제자리에 돌아오므로 완전미분량의 적분값은 0이기 때문이다. Clausius는 (5.12)로부터, 즉 그 순환적분으로부터 엔트로피를 정의 내지, 도입하였으며, 우리는 (5.12)가 어떻게 해서 성립하는지를 Carnot 엔진으로부터 알아보려 한다. (5.12)의 부등호 부분은 비가역과정에서 성립하며, 엔트로피 증가의 법칙을 나타낸다.

그림 (5.8)은 (p, V)도면 상에서 온도 T_1, T_2, T_3, T_4에 대응하는 4개의 등온선과 이들 등온선을 연결하는 6개의 단열선을 나타내고 있다. (가령 2→3, 4→1 같은 것.) 4개의 숫자를 모서리에 둔 폐곡선은 각각 Carnot 순환을 나타낸다. 그림에서는 3개의 Carnot 순환을 그렸다. 그림에서, 3개의 Carnot 순환이 완성되면, 외곽의 한 개의 순환을 완성한 효과를 나타냄을 볼 수 있다. 온도차가 무한소 (infinitesimal) 일 때 내부에서 반대 방향으로 진행하는 등온과정은 상쇄시키기 때문이다. 그림 (5.8)에서는 (1 2 3 10 9 8 12 11 7 6 5 4 1) 로 이루어진 외곽 순환이 $(T_1,\ T_2)$ $(T_2,\ T_3)$, $(T_3,\ T_4)$ 사이에서 운행되는 3개의 Carnot 순환으로 대치될수 있음을 보였다. 온도차를 무한소로 가져가면 무한히 많은 Carnot 순환으로 임의의 가역순환을 나타낼수 있다. 개개의 Carnot 순환에 대하여 $\delta Q\ /T$의 합은 0이므로 (가령 $Q_{12}/T_1 + Q_{34}/T_2 = 0$) 모든 Carnot 순황에 대한 합, $\sum_i \frac{\delta Q_i}{T_i} = 0$임을 알 수 있다. 따라서 많은 수의 Carnot 순환을 붙여 놓아서 이루어지는 임의의 가역 순환 과정에 대하여

$$\sum_i \frac{\delta Q_i}{T_i} = \oint \frac{\delta Q}{T} = 0 \ (\text{가역순환}) \tag{5.13}$$

이 식에서 $\frac{\delta Q}{T}$라는 양은 완전미분으로 dS라고 쓸 수 있다. 이 식은 가역 순환 과정(reversible cyclic process)에서 엔트로피의 변화는 없다고 말해준다.

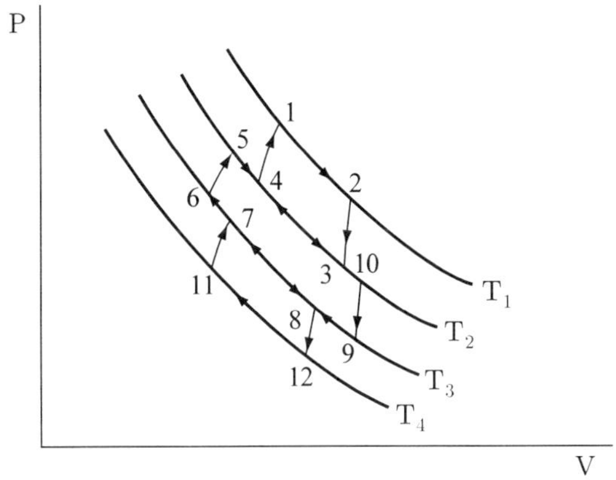

[그림 5.8]

다음은 비가역과정의 순환적분에 대해서 생각하겠다. 비가역과정은 상태변수 도면에 그 과정을 나타낼 수 없다. 단지 처음 상태로 다시 돌아와 있다는 사실만 알 뿐이다. 우리가 주목하는 비가역 순환계(irreversible cyclic system) S는 한 순환 동안 열원 T_1, $T_2 \cdots, T_N$과 열 교환을 하는 계라고 하자. 계는 열 Q_i(i =1, 2, ⋯N)를 열원으로부터 받거나 (Q_i > 0), 주거나 (Q_i < 0) 할 수 있다. 우리가 증명하려고 하는 것은 다음과 같다.

$$\sum_{i=1}^{N} \frac{Q_i}{T_i} \leq 0 \tag{5.14}$$

여기에서 제시하는 증명 방법은 앞에서 가역순환계에서 증명한 등호의 경우를 포함한다. 대표적으로 $i-$번째 열교환을 도시한 것이 그림 (5.9)이다.

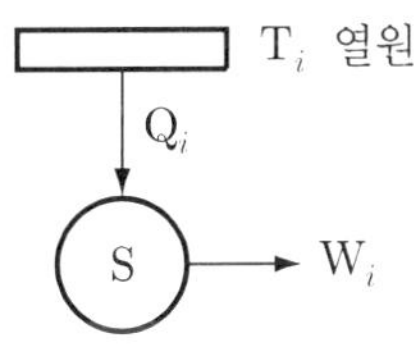

[그림 5.9]

위와 유사한 N개의 열원이 Ⓢ에 연결되어 S의 한 순환을 형성한다. 여기에 온도 T_0와 T_i 사이에서 운행되는 Carnot 엔진을 달았다고 하자. 그림 (5.10).

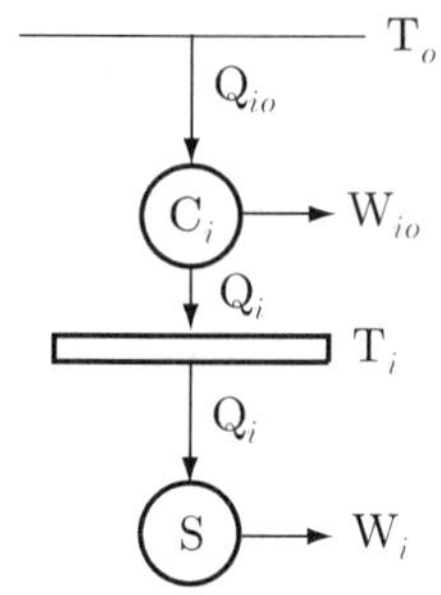

[그림 5.10]

Carnot 엔진 C_i는 그것의 방출열이, T_i가 S에 공급하는 열 Q_i와 똑같은 열을 방출한다. 그러면 Carnot계에서 성립하는 식에 따라, C_i가 T_0로부터 흡수하는 열량 Q_{i0}는

$$Q_{i0} = \frac{T_0}{T_i} Q_i \tag{5.15}$$

한 순환이 완성될 때까지 열원 T_0가 C_i들에 공급한 열 Q_0는 다음과 같다.

$$Q_0 = \sum_{i=1}^{N} Q_{i0} = T_0 \sum_{i=1}^{N} \frac{Q_i}{T_i} \tag{5.16}$$

(5.16)의 Q_0는 제1법칙에 따라 이 복합계가 한 순환동안 한 일이기도 하다. 이 일이 (+)일 수 없다. 즉 Q_0는 > 0일 수 없다. 만약 Q_0 > 0이라면 T_0라는 한 개의 열원으로 부터 열을 뽑아서 모두 외부에 일로 변환시킨 것이므로 Kelvin의 정리에 위배된다. 따라서 (5.16)에서 (5.14)를 바로 쓸 수 있다. (5.14)를 적분 꼴로 쓰면 Clausius 부등식 (5.12)가 된다.

엔트로피(Entropy).

가역과정의 한 순환에 대한 적분은 0이므로 (5.13), 즉 $\oint \frac{\delta Q}{T}=0$로 쓸 수 있고, $\frac{\delta Q}{T}$를 dS라고 놓아 엔트로피 S를 상태변수의 하나로 정의할 수 있다. 이것을 적분을 통하여 알아보자. 상태변수 도면에서 임의의 폐곡선을 취하여 이 적분을 두 부분으로 나누어 써보면 그림 (5.11)과 같이 나타낼 수 있다.

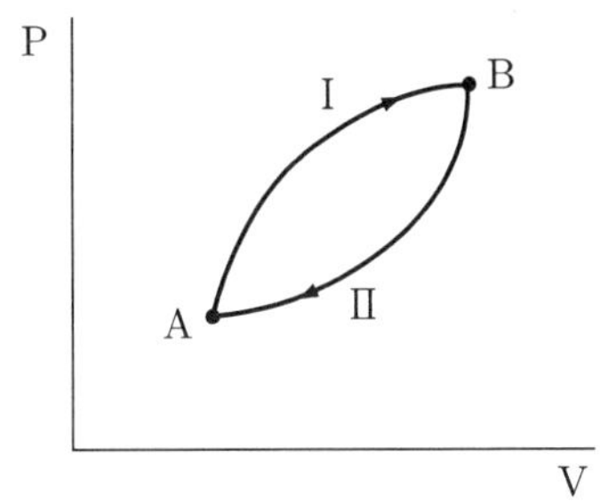

[그림 5.11]

$$\oint \frac{\delta Q}{T}=\left(\int_A^B \frac{\delta Q}{T}\right)_I+\left(\int_B^A \frac{\delta Q}{T}\right)_{II}=0$$

고로

$$\left(\int_B^A \frac{\delta Q}{T}\right)_{II}=-\left(\int_A^B \frac{\delta Q}{T}\right)_{II}$$

위 두 식에서 다음 식이 성립함을 알 수 있다.

$$\left(\int_A^B \frac{\delta Q}{T}\right)_I=\left(\int_A^B \frac{\delta Q}{T}\right)_{II} \tag{5.17}$$

(5.17)은 적분값이 적분 경로에 무관하고 오직 시작점과 끝점의 좌표에만 달려 있음을 보여 준다. 따라서

$$\frac{\delta Q}{T}=dS \tag{5.18}$$

로 정의되는 완전미분을 정의할 수 있고 $\oint \frac{\delta Q}{T} = S(B) - S(A)$이며, $\oint \frac{\delta Q}{T} = \oint dS = 0$이다. 다음에는 Clausius 부등식 (5.12)에서 부등호의 의미를 알아보자. 이 부등호는 비가역과정의 경우에 적용된다. (5.12)는 상태변수 S를 써서 다음과 같이 나타낼수 있음을 증명하겠다.

$$S(B) - S(A) \geq \int_A^B \frac{\delta Q}{T} \tag{5.19}$$

비가역과정은 상태변수 도면상에서 그 과정을 나타낼수 없으므로 시점과 종점을 점선으로 연결하겠다. 그림 (5.12).

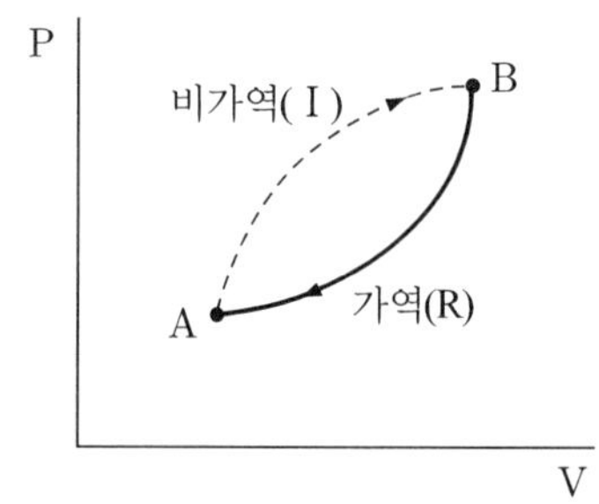

[그림 5.12]

$$\int_{A(I)B(R)A} \frac{\delta Q}{T} = \left(\int_A^B \frac{\delta Q}{T}\right)_I + \left(\int_B^A \frac{\delta Q}{T}\right)_R \leq 0$$

$$\left(\int_B^A \frac{\delta Q}{T}\right)_R = S(A) - S(B)$$

위 두 식에서 다음 식이 성립함을 알 수 있다.

$$\left(\int_A^B \frac{\delta Q}{T}\right)_I \leq S(B) - S(A) \tag{5.20}$$

(5.20)은 비가역과정에 대한 적분식이지만 가역과정의 경우를 등식으로써 포함하고 있다. 특히 고립계에서는 (isolated system) $\delta Q = 0$으로 놓아서 다음이

성립한다.

$$S(B) \geq S(A) \tag{5.21}$$

여기서 A가 시점이고 B가 종점이다. 가역과정에서는 등식이 성립하므로 고립계의 가역과정에서는 엔트로피의 변화는 없다. 고립계의 비가역 과정에서는 엔트로피는 항상 증가한다. 자연과정 (Spontaneous process)은 항상 비가역과정이므로 고립계의 자연과정은 항상 엔트로피의 증가를 수반한다.

● **열역학변수 4각형. 열역학 관계식은 변수가 많은 고로 매우 복잡하다.** 이러한 관계식들을 효과적으로 정리하기 위하여 기억법이 창안되었다. 다음과 같은 사각형에 변수들을 써넣고 관계식을 써 내려가는 것이다. 이 사각형은 1929년에 Max Born 교수가 창안했다고 전해진다. 변에 써있는 글자가 함수이고 양쪽에 모서리에 있는 글자를 독립변수로 한다. 화살표로 연결되는 변수들은 아래에서 보듯이 미분과 서로 곱하고, 부호를 구별하자.

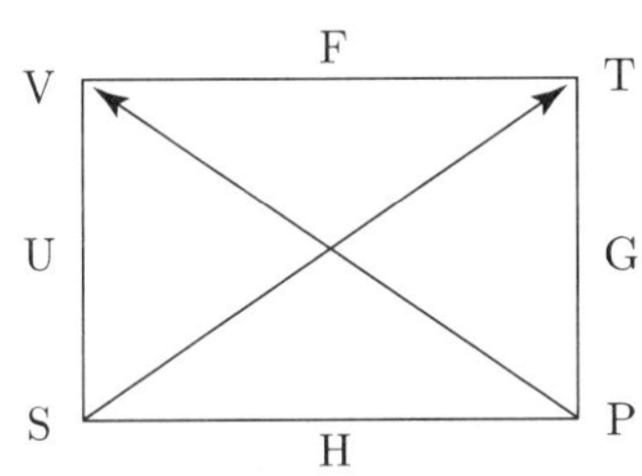

[Maxwell 사각형]

$U = U(S, V)$:

$$dU = Tds - pdV,\ \left(\frac{\partial U}{\partial S}\right)_V = T,\ \left(\frac{\partial U}{\partial V}\right)_S = -p,\ \left(\frac{\partial T}{\partial V}\right)_S = -\left(\frac{\partial p}{\partial S}\right)_V \tag{5.22}$$

위의 맨 끝 식은 완전미분 조건에서 나오는 Maxwell 관계식이다. Maxwell 관계식은 모서리에 있는 변수들 사이의 관계식이다.

$F = F(T, V)$:

$$dF = -pdV - SdT,\ \left(\frac{\partial F}{\partial T}\right)_V = -S,\ \left(\frac{\partial F}{\partial V}\right)_T = -p,\ \left(\frac{\partial S}{\partial V}\right)_T = \left(\frac{\partial p}{\partial T}\right)_V \tag{5.23}$$

$$G = G(T, p):$$

$$dG = -SdT + Vdp,\ \left(\frac{\partial G}{\partial p}\right)_T = V,\ \left(\frac{\partial G}{\partial T}\right)_p = -S,\ \left(\frac{\partial V}{\partial T}\right)_p = -\left(\frac{\partial S}{\partial p}\right)_T \quad (5.24)$$

$$H = H(S, p):$$

$$dH = TdS + Vdp,\ \left(\frac{\partial H}{\partial S}\right)_p = T,\ \left(\frac{\partial H}{\partial p}\right)_S = V,\ \left(\frac{\partial T}{\partial p}\right)_S = \left(\frac{\partial V}{\partial S}\right)_p \quad (5.25)$$

● **열역학 변수 3각형. 4개의 직각 3각형에 대해서도 이용할만한 규칙이 존재한다.**

화살표로 시작해서 시계방향으로 돌려서 직각 3각형을 완성한다. 화살표 반대방향은 (−)를 붙이기로 한다. 다음 4개의 관계식을 생산할 수 있다.

$$-\mathrm{TS} + \mathrm{U} = \mathrm{F} \quad (5.26)$$

$$\mathrm{ST} + \mathrm{G} = \mathrm{H} \quad (5.27)$$

$$\mathrm{pV} + \mathrm{F} = \mathrm{G} \quad (5.28)$$

$$-\mathrm{Vp} + \mathrm{H} = \mathrm{U} \quad (5.29)$$

이 4각형에 8개의 변수가 나타나는데 (5.22)-(5.25)에서 보듯이 3개의 변수를 기본변수로 삼았을 때 다른 변수들을 기본변수들로만 나타낼 수 있다.

예제 (G, p, T)**를 기본변수로 했을 때, 나머지 변수** $\mathrm{H, S, U, V, F}$**를 기본변수로 표현하라.**

해 $\left(\frac{\partial G}{\partial T}\right)_p = -S,\ \left(\frac{\partial G}{\partial p}\right)_T = V,\ F = G - pV = G - p\left(\frac{\partial G}{\partial p}\right)_T,$

$H = G + ST = G - T\left(\frac{\partial G}{\partial T}\right)_p,\ U = G - T\left(\frac{\partial G}{\partial T}\right)_p - p\left(\frac{\partial G}{\partial p}\right)_T$

예제 (U, S, V)**를 기본변수로 했을 때, 나머지 변수** $\mathrm{F, T, G, p, H}$**를 기본변수로 표현하라.**

해 생략

열역학적 포텐샬(thermodynamic potential).

앞에서 도입한 F(Helmholtz free energy), G(Gibbs free energy), H(enthalpy)를 지칭한다. 이들 양은 계와 주위 사이에 에너지의 교환이 있음을 내포한다(일이나 열의 형태로). 가령 중력 위치에너지는 어떤 물체가 중력장 내에서 운동하면서 형태가 달라질 수 있는 에너지 내용을 의미하고 있음은 주지의 사실이다. 식 (5.26-5.29)을 달리 써 보면

$$H = U + pV \tag{5.30}$$

$$F = U - TS \tag{5.31}$$

$$G = U + pV - TS = H - TS \tag{5.32}$$

이들의 물리적 내용을 파악하기 위하여, H는 등압과정 ($p = const.$)에서, F는 등온과정 ($T = const.$)에서, G는 등온 등압과정에서 생각하자. H는 어떤 환경 내에서 계가 배태하여 (무에서) 체적 V인 상태로 발달하였다고 가정했을 때, 그 계의 에너지 내용을 나타낸다. 내부에너지는 U이고, pV는 환경이 그 계에 대하여 체적 0에서 현재의 체적 V가 되기까지 가한 일이다 (등압과정 하에서). 즉 H는 어떤 환경이 계를 창조하여 (무에서) 현 상태로 자리잡게 될 때 까지, 일을 통해서 들어간 에너지의 총량이다.

마찬가지로 F는 계가 어떤 초기 엔트로피 값에서 현재 값 S를 갖는 계로 발달하기 까지 (등온과정 하에서) 일과 열을 통해서 들어간 에너지의 총량이다. G는 등온 등압과정 하에서 (V,S)의 어떤 초기 값에서 현재 값을 갖는 계로 발달하기 까지 일과 열을 통해서 계에 들어간 에너지의 총량이다. (5.31)과 (5.32)로부터 유용한 열역학 부등식을 도출할 수 있다.

(5.31)의 미분을 취하면 (등온과정에서), $\Delta F = \Delta U - T\Delta S$. Δ는 (나중값-처음 값) 이다. 여기에시 제1법칙 $\Delta U = \Delta Q + W$를 쓰자. ΔQ는 계에 넣어준 열량, W는 외부가 계에 행한 일이다. 그러면, $\Delta F = \Delta Q + W - T\Delta S$. $T\Delta S - \Delta Q \geq 0$이므로 (등호는 가역과정에 대하여 성립) 다음 부등식이 성립한다.

$$\Delta F \leq W \text{ (등온과정에서)} \tag{5.33}$$

계에 가해진 일이 0이면 (주위와 열 교류는 있으면서) $\Delta F \le 0$, 즉 F(나중) $\le$ F(처음). 이 부등식이 의미하는 바는: 어떤 계가 일정한 온도 T를 유지하며 주위와 열접촉 하에 있을 때 외력에 의한 어떠한 일도 받지 않는다면, 계의 Helmholtz free energy F는 어떤 변환 하에서도 증가하지 않는다. 이 사실로부터 다음의 서술이 성립한다. F가 최소인 상태는 그 계의 안정평형 상태(stable equilibrium) 이다. 왜냐하면, 어떠한 변환도 F를 증가시킬 것이며 이것은 $\Delta F \le 0$에 위배되기 때문이다. 역학계에서는 포텐샬 에너지가 최소인 상태가 안정평형 상태이다. 이상 F에 관한 정리는 $\Delta W = -p\,dV$일 때 성립한다. 역학적인 일 이외에 다른 일 (W'), 가령 전기력이나 화학력 (chemical force) 같은 다른 일이 추가적으로 행해질 때는 Gibbs free energy를 가지고 위에서와 똑같은 말을 할 수 있다. 즉

$$\Delta G \le W' \text{ (등온 등압 과정에서)} \tag{5.34}$$

여러 가지 힘을 받는 계의 안정평형 상태는 Gibbs free energy G가 최소인 상태이다.

요약 어떤 계가 등온 가역과정 하에서 변환하면 F는 계에 가해진 일만큼 증가한다. 일반적으로 계가 변환했을 때 두 상태에서의 차이 ΔF는 이 계로부터 얻을 수 있는 일의 최대량과 같다($\Delta F \le 0$일 때). 어떤 계가 등온 등압 가역과정 하에서 변환하면 G는 계에 가해진 일만큼 증가한다.

예제 다음 식, Gibbs-Helmholtz 식을 유도하라.

$$U = F - T\left(\frac{\partial F}{\partial T}\right)_V = -T^2\left(\frac{\partial}{\partial T}\frac{F}{T}\right)_V \tag{5.35}$$

해 생략

예제 **이상기체 1 mole에 대하여 Helmholtz 자유에너지를 구하라.**

$$F = C_V T + U_0 - T(C_V \log T + R \log V + a)$$
$$F = C_V T + U_0 - T(C_V \log T - R \log p + a + R \log R)$$

위에서 U_0와 a는 상수이다.

예제 **이상기체 1 mole에 대하여 Gibbs 자유에너지를 구하라.**

$$G = C_p T + U_0 - T(C_p \log T - R \log p + a + R \log R)$$

앞에서 보았듯이, U와 F, G, H는 각각 기본변수를 갖고 있다(Maxwell 도면 참조). 즉, U(S,V), F(T,V), G(T,p), H(S,p) 등이다. 예를 들어, U(S,V)를 알고 있으면 온도와 압력은 즉시 알 수 있다:

$$T = \left(\frac{\partial U}{\partial S}\right)_V, \quad p = -\left(\frac{\partial U}{\partial V}\right)_S$$

따라서 그밖의 열역학 함수들을 구성할 수 있고, 상태방정식도 구할 수 있다. 이러한 목적을 위해서는 포텐샬을 기본변수로 아는 것이 중요하다. 가령 U = U(T,V)) 로부터는 상태방정식을 알아낼 수 없다. 상태방정식과 연관하여 F, 자유에너지가 특히 중요하다. 이 함수의 기본변수가 T,V이기 때문이다.

$$F = F(T,V)$$

통계역학에서는 V와 T를 변수로 보기 때문에 통계역학 결과를 열역학에 적용할 때는 특히 자유에너지 F가 유용하다. 다음 식을 눈여겨 보자.

$$S = -\left(\frac{\partial F}{\partial T}\right)_V, \quad p = -\left(\frac{\partial F}{\partial V}\right)_T, \quad U = F - T\left(\frac{\partial F}{\partial T}\right)_V = -T^2\left(\frac{\partial}{\partial T}\frac{F}{T}\right)_V$$

등온 가역과정 하에서

$$\Delta F = \Delta U - T\Delta S = \Delta U - \Delta Q = W$$

따라서 등온 가역과정에서 계가 한 일은 자유에너지의 감소와 같다(5.33 식). ΔF는 등온 가역과정 하에서 계가 할 수 있는 일의 최대치이다.

예제 다음 등식을 증명하라.

$$G = -V^2 \left(\frac{\partial}{\partial V}\frac{F}{V}\right)_T,\ H = -T^2\left(\frac{\partial}{\partial T}\frac{G}{T}\right)_p$$

● Clausius-Clapeyron Equation. G-함수의 유용성을 음미할 수 있는 문제로서 물과 증기로 이루어진 복합계를 생각하자.

$$U = U_1 + U_2$$
$$V = V_1 + V_2$$
$$S = S_1 + S_2$$

위에서 U, V, S는 각각 내부 에너지, 체적, 엔트로피이고, 첨자 1과 2는 각각 물과 증기계를 나타내며 무첨자는 통합계의 값이다. 따라서

$$G = G_1 + G_2$$

물과 증기 부분의 질량을 각각 m_1, m_2라고 하고, 위의 양들의 단위 질량당의 값을, 대응하는 소문자 u, v, s, g로 쓰기로 하면 $G_1 = m_1 g_1$, $G_2 = m_2 g_2$ 이다. u, v, s가 모두 온도만의 함수이므로

$$G = m_1 g_1(T) + m_2 g_2(T)$$

이 복합계가 평형상태에서 등온등압 과정의 변환을 한다고 하자. 그러면 질량 m_1, m_2만 변한다. m_1+m_2가 일정하므로 $m_1 \to m_1 + dm_1$으로 변하면, m_2는 $m_2 \to m_2 - dm_1$으로 변한다. 따라서 변한 G값은 다음과 같다.

$$(m_1 + dm_1)g_1 + (m_2 - dm_1)g_2 = G + dm_1(g_1 - g_2)$$

계가 초기에 평형상태에 있었으므로, 초기 G값은 최소값이었다. $dG = dm_1(g_1 - g_2)$가 0이어야 하므로, $g_1 = g_2$이다. 즉

$$(u_2 - u_1) - T(s_2 - s_1) + p(v_2 - v_1) = 0$$

이 식을 T에 대하여 미분하면

$$\frac{d}{dT}(u_2 - u_1) - T\frac{d}{dT}(s_2 - s_1) - (s_2 - s_1) + \frac{dp}{dT}(v_2 - v_1) + p\frac{d}{dT}(v_2 - v_1) = 0$$

여기에 $T\frac{ds}{dT} = \frac{du}{dT} + p\frac{dv}{dT}$를 쓰면 위 식은 다음과 같다.

$$-(s_2 - s_1) + \frac{dp}{dT}(v_2 - v_1) = 0$$

그러나 $(s_2 - s_1)$는 1 gram의 물이 일정한 온도 하에서 수증기로 변할 때의 엔트로피의 변화이므로 λ/T이다(λ는 기화열). 따라서 다음 Clausius-Clapeyron 관계식을 얻는다.

$$\frac{dp}{dT} = \frac{\lambda}{T(v_2 - v_1)} \tag{5.36}$$

별법 (3.10) 식 $\left(\frac{\partial U}{\partial V}\right)_T = T\left(\frac{\partial p}{\partial T}\right)_V - p$을 사용하여 유도함.

위에서 생각한 복합계가 등온과정을 거쳐 질량 dm이 액체상태에서 기체상태로 변환했다고 하자. 이 과정에서 계의 전체 체적과 전체 에너지 값이 달라진다. 이 미소 변환의 끝에서는 액체의 질량은 $(m_1 - dm)$, 기체의 질량은 $(m_2 + dm)$이 된다. 따라서 전체 체적은 다음 값이 될 것이다.

$$V + dV = (m_1 - dm)v_1(T) + (m_2 + dm)v_2(T) = V + [v_2(T) - v_1(T)]dm$$

즉

$$dV = [v_2(T) - v_1(T)]\,dm \tag{5.37}$$

같은 방식으로 전체 에너지의 변화는 다음과 같이 얻어진다.

$$dU = [u_2(T) - u_1(T)]\,dm \tag{5.38}$$

제1법칙으로부터

$$\delta Q = dm\,[u_2 - u_1 + p(v_2 - v_1)]$$

따라서

$$\frac{\delta Q}{dm} = u_2 - u_1 + p(v_2 - v_1) = \lambda \tag{5.39}$$

위 식은 1 gram의 물을 일정한 온도 하에서 수증기로 바꾸는데 필요한 단위 gram 당 열량, 즉 기화열(잠열: latent heat)이다. (5.37)과 (5.38)에서

$$\left(\frac{\partial U}{\partial V}\right)_T = \frac{u_2(T) - u_1(T)}{v_2(T) - v_1(T)}$$

을 얻는다. 위 식에 (5.39)을 사용하면

$$\left(\frac{\partial U}{\partial V}\right)_T = \frac{\lambda}{v_2 - v_1} - p$$

이 관계식을 (3.10)와 비교하면 (5.36)를 얻는다.

예제 Carnot **순환을 이용하여** Clausius-Clapeyron **관계식을 유도함**. 참고문헌 Pippard.

계가 온도 T와 T − dT에 대응하는 2개의 등온선과 이를 연결하는 두 단열선으로 이루어진 Carnot 순환을 한다고 하자. 그림 (5.13).

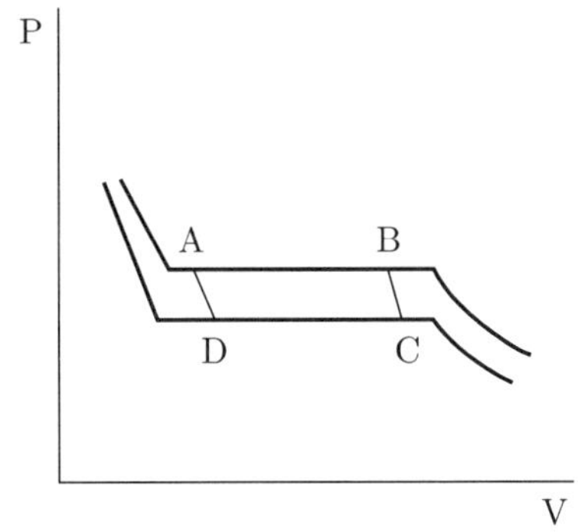

[그림 5.13]

이 p－V 그림에서 Carnot 면적을 dA라 하고, T(AB상)에서 흡수한 열량을 Q라 하면, T-dT(CD상)에서 방출한 열량은 Q-dA이다.
(면적 dA는 계가 한 일이므로). 그러면, (5.10) 식에 따라서 (열량의 비는 온도의 비와 같다)

$\frac{Q-dA}{Q}=\frac{T-dT}{T}$ 이므로

$$\frac{dA}{Q}=\frac{dT}{T} \tag{5.40}$$

위 식의 양들을 계산함으로써 원하는 결과를 유도할 수 있다. 그림의 순환계가 물-수증기의 복합계라고 하자. T와 T－dT에서 모두 물과 수증기가 공존한다. 그림에서 길이 AB＝ V_2-V_1 이다. 길이 AD= $(dp/dT)dT$. 여기에서 p는 증기압이다. 따라서 (5.40)는

$$\frac{1}{l}(V_2-V_1)\ (dp/dT)dT=\mathrm{dT/T}$$

즉

$$\frac{dp}{dT}=\frac{l}{T(V_2-V_1)} \tag{5.41}$$

위에서 체적을 각각 기체상태와 액체상태의 체적이라 하고 l을 잠열로 하면 (5.41)은 Clausius-Clapeyron 관계식이다.

예제 **무한소 Carnot 순환계를 이용하여, Maxwell 관계식 (5.23)를 유도하라.**

해 그림 (5.14)는 무한소 면적을 크게 그린 것이다. (Pippard, p. 54) 계는 앞에서와 같이 두 온도 T와 $T-dT$ 사이에서 작동한다. 단열선은 (P, V) 도면에서 사선이지만 수직이라고 보자. 미소면적은 $dA=\left(\frac{\partial p}{\partial T}\right)_V dVdT$이다. 등온팽창 과정 AB에서 계가 흡수한 열량은 $T\left(\frac{\partial S}{\partial V}\right)_T dV$이다. 따라서 (5.40)를 사용하면 (5.23)가 나온다.

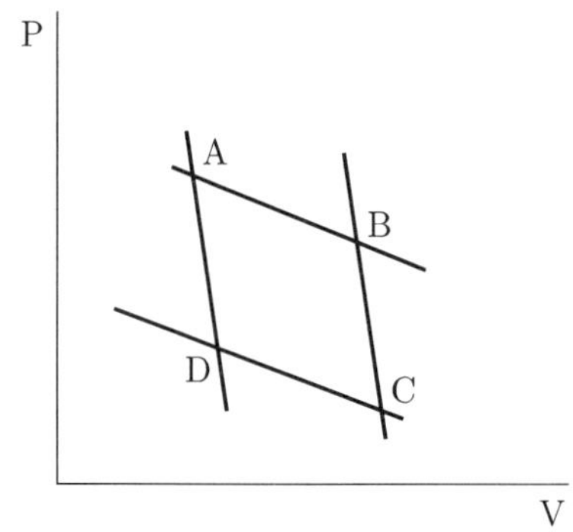

[그림 5.14]

Clausius-Clapeyron 관계식은 물과 수증기의 복합계에 대해서 뿐만아니라 고체와 증기의 복합계에서도 (sublimation) 성립한다. 물의 비등점 온도 ($373.1°K$)와 표준상태 압력에서 l = 540 cal/gm = 2260 × 10^7 erg/gm, V_2=1677, V_1=1.043의 값을 사용하면 $\frac{dp}{dT}=3.62\times10^4$ dyne/cm^2 deg이다. 일반적으로 기체 상태의 체적이 액상이나 고상(solid phase)에서의 체적보다 훨씬 크므로 (5.41)에서 V_1을 V_2에 비해서 무시할 수 있다.

$$\frac{dp}{dT}=\frac{l}{TV_2} \tag{5.42}$$

수증기에 대하여 상태방정식을 쓰면

$$\mathrm{p}\,V_2=\mathrm{RT} \tag{5.43}$$

(5.42)과 (5.43)에서 다음 식을 얻는다.

$$p = const. e^{-l/RT} = const. e^{-\frac{l/N}{kT}} \tag{5.44}$$

위에서 k는 Boltzmann 상수, N은 분자수이다. 이 공식은 온도에 따른 증기압의 변화를 근사적으로 보여 준다. 위에서 p는 Boltzmann 분포하였다(제6장 참고). Boltzmann 분포는 일반적으로 $e^{-분자한개당\ potential\ energy/kT}$의 모양을 갖는다. (5.44)는 이 형태에 부합한다. Boltzmann 분포를 역학계에서 고찰해 보자. 정유체평형(hydrostatic equilibrium)을 이루고 있는 대기에서 단위면적을 갖는 수직 대기 기둥을 생각하고 수직 좌표를 z라고 하자.

높이 z에서 수직 길이 dz인 부분에 대하여 평형조건을 고려하면 이 미소체적의 윗면과 아래면에 작용하는 압력의 차이 dp가 중력과 비겨야 하므로

$$dp = -m g n(z) dz$$

여기에 $p = n kT$ 상태방정식을 쓰면, T가 일정하다고 보고 (실제 대기는 T가 일정하지 않다. 또 정유체평형을 이루지도 않는다.)

$$kT dn = -m g n dz$$

위 식을 적분하여

$$n = n_0 e^{-mgz/kT} \tag{5.45}$$

정유체 평형 상태의 대기는 그 밀도 분포가 (높이에 따른) Boltzmann 분포한다.

● Joule의 자유팽창(free expansion), Joule-Kelvin 효과, Enthalpy

앞에서 잠간 논의한 Joule의 자유팽창에서는 기체가 진공으로 팽창하므로 일도 하지 않고, 단열하였으므로 열량도 차단되었다. 따라서 내부에너지가 일정하다. 이 실험에 희박한 기체를 쓰면 온도 변화가 없다는 실험 결과를 얻는다. 따라서 이상기체 (희박한)의 내부에너지는 온도만의 함수라는 중요한 결과를 얻었다. 그러나 실제 기체에서는 미소하나마 온도가 달라지는 실험결과를 얻는다. Joule의 자유팽창 실험은 내부에너지 U가 일정한 과정이다. 체적변화에 따른 온도의 변화를 Joule 계수 (μ)라고 한다. 수식으로 표현하면

$$\mu = \left(\frac{\partial T}{\partial V}\right)_U \tag{5.46}$$

위 식에서 첨자 U는 Joule의 자유팽창 과정에 대응한다. 편미분 관계식에 따라 위 식은

$$\mu = -\left(\frac{\partial T}{\partial U}\right)_V \left(\frac{\partial U}{\partial V}\right)_T = -\frac{1}{C_V}\left(\frac{\partial U}{\partial V}\right)_T \tag{5.47}$$

한편 $dU = T\,dS - p\,dV$ 에서

$$\left(\frac{\partial U}{\partial V}\right)_T = T\left(\frac{\partial S}{\partial V}\right)_T - p = T\left(\frac{\partial p}{\partial T}\right)_V - p \tag{5.48}$$

위에서 Maxwell 관계식을 사용하였다. 따라서

$$\mu = -\frac{1}{C_V}\left[\left(\frac{\partial p}{\partial T}\right)_V - p\right] \tag{5.49}$$

이상기체에 대하여 $\mu = 0$ 임을 확인할 수 있다. 실제 기체에 대하여 $\mu < 0$ 이다. [식 (5.47)에서 $\left(\frac{\partial U}{\partial V}\right)_T < 0$ 이므로.]

다음 예제에서 Joule-Kelvin 효과를 논의하겠다.

예제 Van der Waals **기체에 대하여** $\left(\frac{\partial U}{\partial V}\right)_T$ **를 계산하라.**

Joule-Kelvin 실험은 기체를 다공질 병목(Porous throttle)을 통과시킨다. (참고문헌 pippard p.70) 이 흐름에서는 Enthalpy가 일정하다. 유체의 정상류 (steady flow 또는 stationary flow)에서 성립하는 Bernoulli 정리는 엔탈피가 일정하다는 정리이다.

Joule-Kelvin 효과는 병목을 통과한 기체의 온도가 낮아질 수 있다는 것이다. 압력은 떨어진다. 이러한 식으로 기체를 액화시킬 수 있다. Joule-Kelvin 과정에서 Joule-Kelvin 계수는

$$\eta = \left(\frac{\partial T}{\partial p}\right)_H \tag{5.50}$$

앞에서와 유사하게 편미분관계식을 사용하여

$$\eta = -\left(\frac{\partial T}{\partial H}\right)_p \left(\frac{\partial H}{\partial p}\right)_T = -\frac{1}{C_p}\left(\frac{\partial H}{\partial p}\right)_T \tag{5.51}$$

한편 $dH = TdS + Vdp$에서

$$\left(\frac{\partial H}{\partial p}\right)_T = T\left(\frac{\partial S}{\partial p}\right)_T + V - T\left(\frac{\partial V}{\partial T}\right)_p + V \tag{5.52}$$

위에서 Maxwell 관계식을 사용하였다. 따라서

$$\eta = \frac{1}{C_p}\left[T\left(\frac{\partial V}{\partial T}\right)_p - V\right] \tag{5.53}$$

이 식에서 보면 $\left(\frac{\partial V}{\partial T}\right)_p = \frac{V}{T}$를 분수령으로 하여 η의 부호가 달라진다.

비열 C_V, C_p 사이의 관계식들.

어떤 물질에 대하여 비열은 실험적으로 측정한다. 두 비열 중 하나를 측정했으면 다른 것은 상태방정식을 사용하여 구할 수 있으므로 별도로 측정할 필요가 없다. 그러나 그러기 위해서는 둘 사이의 관계를 수식적으로 알아야 한다. C_V, C_p 사이의 여러 가지 관계식을 구해보자.

$$\delta Q = dU + p\,dV$$

를 염두에 두고

$$C_V = \left(\frac{\delta Q}{dT}\right)_V = \left(\frac{\partial U}{\partial T}\right)_V \tag{5.54}$$

$$T\,dS = dU + pdV \tag{5.55}$$

의 양변을 $(dT)_V$로 나누면

$$T\left(\frac{\partial S}{\partial T}\right)_V = \left(\frac{\partial U}{\partial T}\right)_V$$

$$C_V = T\left(\frac{\partial S}{\partial T}\right)_V \tag{5.56}$$

$$C_p = \left(\frac{\partial U}{\partial T}\right)_p + p\left(\frac{\partial V}{\partial T}\right)_p \tag{5.57}$$

(5.55)의 양변을 $(dT)_p$로 나누면

$$T\left(\frac{\partial S}{\partial T}\right)_p = \left(\frac{\partial U}{\partial T}\right)_p + p\left(\frac{\partial V}{\partial T}\right)_p$$

$$C_p = T\left(\frac{\partial S}{\partial T}\right)_p \tag{5.58}$$

(5.56)와 (5.58)은 비열을 엔트로피로 표현한 식이다. 엔탈피를 도입하면 $\mathrm{H} = \mathrm{U} + \mathrm{pV}$를 미분하여 $\mathrm{dH} = \mathrm{dU} + \mathrm{pdV} + \mathrm{V\,dp} = \delta\mathrm{Q} + \mathrm{V\,dp}$이므로

$$C_p = \left(\frac{\partial H}{\partial T}\right)_p \tag{5.59}$$

$C_p - C_V$를 계산하기 위해서, $\mathrm{S} = \mathrm{S(T,V)}$라고 놓자. 그러면

$$\mathrm{dS} = \left(\frac{\partial S}{\partial T}\right)_V \mathrm{dT} + \left(\frac{\partial S}{\partial V}\right)_T \mathrm{dV}$$

이 식을 $(dT)_p$로 나누면

$$\left(\frac{\partial S}{\partial T}\right)_p = \left(\frac{\partial S}{\partial T}\right)_V + \left(\frac{\partial S}{\partial V}\right)_T \left(\frac{\partial V}{\partial T}\right)_p$$

따라서, (5.56)와 (5.58)로부터 다음을 얻는다.

$$C_p - C_V = T\left(\frac{\partial S}{\partial V}\right)_T\left(\frac{\partial V}{\partial T}\right)_p = T\left(\frac{\partial p}{\partial T}\right)_V\left(\frac{\partial V}{\partial T}\right)_p \tag{5.60}$$

위 식을 얻을 때 M4를 사용하였다. (5.60)은 (3.75) 식이다. (5.60)은 상태방정식을 알면 유용하게 쓸 수 있으나, 고체나 액체의 경우는 팽창계수 β와 압축계수 k로 표시하는 것이 편리하다.

$$\beta = \frac{1}{V}\left(\frac{\partial V}{\partial T}\right)_p, \quad k = -\frac{1}{V}\left(\frac{\partial V}{\partial p}\right)_T \tag{5.61}$$

$\left(\frac{\partial p}{\partial T}\right)_V = -\left(\frac{\partial p}{\partial V}\right)_T\left(\frac{\partial V}{\partial T}\right)_p$ (cf 3.22)를 사용하면

$$C_p - C_V = -T\left[\left(\frac{\partial V}{\partial T}\right)_p\right]^2\left(\frac{\partial p}{\partial V}\right)_T = V\,T\beta^2/k \tag{5.62}$$

예제 다음 등식을 증명하라.

$$\gamma - 1 = \frac{T}{C_V}\left(\frac{\partial p}{\partial T}\right)_V\left(\frac{\partial V}{\partial T}\right)_p = \frac{VT\beta^2}{C_V\kappa} \tag{5.63}$$

γ의 중요성은 1) 단열방정식에는 γ가 들어온다. 2) 기체를 구성하는 분자의 자유도에 관계된다.

● 흑체 동공(black body cavity) 안의 복사(radiation).

어떤 물질의 속을 파내서 동공을 만들고 이것을 가열하여 일정한 온도에 달하게 하면 동공 내부는 일정한 양의 전자복사(electromagnetic radiation)로 채워진 상태로 평형상태를 유지할 수 있다. 이것은 온도 T에서의 동공 물질이 끊임없이 전자파를 내놓고 또 동공벽에 부딪치는 전자파를 흡수하면서 평형상태를 유지하는 것이다. Kirchhoff 법칙에 따라, 동공벽이 복사가 새나갈 수 없으면 동공안의 복사의 열역학적 성질은 동공 물질에 무관하다. 오직 온도 T에만 유관하다. 동공 안에 들어 있는 전자기파들의 (진동수가 제 각각이다) 상태를 광기체(photon gas)라고 부르는 것이 적절하다. 이 광기체를 이루는 입

자 (photon)는 모두 일정한 속도 c(광속)로 운동한다. 제1장에서 병진운동만 하는 단원자 기체의 압력은 $\mathrm{p}=\frac{2}{3}\frac{U}{V}=\frac{2}{3}\mathrm{u}$(식 (1.3)과 (1.4))이다. u는 에너지 밀도이다. 흑체 동공 안의 광 기체의 압력은 (흑체동공 벽에 미치는 압력)

$$\mathrm{p}=\frac{1}{3}\mathrm{u}\ \ \text{(photon gas)} \tag{5.64}$$

보통 기체의 경우와 배수 2의 차이가 있는데, 이것은 보통 기체의 경우 에너지가 $mv^2/2$이지만, 광기체의 경우, mc^2이기 때문이다. dU = T dS − p dV 에서

$$\begin{aligned}\left(\frac{\partial U}{\partial V}\right)_T &= T\left(\frac{\partial S}{\partial V}\right)_T - p \\ &= T\left(\frac{\partial p}{\partial T}\right)_V - p\ \ \text{(M4)}\end{aligned}$$

위에서 $\frac{dU}{dV}=u$이고, (5.64)를 쓰면

$$\mathrm{u}=\frac{1}{3}\mathrm{T}\left(\frac{\partial u}{\partial T}\right)_V-\frac{1}{3}\mathrm{u}$$

즉

$$4\mathrm{u}=\mathrm{T}\left(\frac{\partial u}{\partial T}\right)_V,\ \ 4\frac{dT}{T}=\frac{du}{u}$$

이 식을 적분하여

$$\mathrm{u}=\mathrm{a}\,T^4\ \ \text{(a: const.)} \tag{5.65}$$

이 식이 T의 4승 법칙인 Stefan-Boltzmann 법칙이다. 여기에서 상수 a는 열역학적으로는 결정할 수 없다. 흑체 동공복사 에너지의 분광분포(spectral distribution)는 (이하, u_ν로 표기. ν는 진동수를 나타낸다) 양자론의 방법으로 구할 수 있으며 M. Planck가 한 일이다. 동공내에서 진동하는 전자파를 조화

진동자 (harmonic oscillator)로 보고 조화진동자의 에너지가 $h\nu$의 정수배로 양자화되었다고 하고 계산하면 다음의 Planck 스펙트럼을 얻는다. h는 Planck 상수이고, 자세한 유도는 생략한다. (참고문헌: Blundell and Blundell, Schroeder)

$$u_\nu = \frac{8\pi h\nu^3/c^3}{e^{h\nu/kT} - 1} \tag{5.66}$$

(5.65)의 에너지 밀도 u는 (5.66)의 u_ν를 모든 진동수에 걸쳐 적분함으로써 얻어진다.

$$\mathrm{u} = \int_0^\infty d\nu \frac{8\pi h\nu^3/c^3}{e^{h\nu/kT} - 1} \tag{5.67}$$

$\dfrac{h\nu}{kT} = x$로 치환하면

$$\mathrm{u} = \frac{8\pi (kT)^4}{(hc)^3} \int_0^\infty \frac{x^3}{e^x - 1} dx \tag{5.68}$$

위에서 적분값은 $\pi^4/15$이며, (5.65)의 상수 a가 결정된다.

● Maxwell 사각형을 이용하여 도출할 수 있는 열역학 관계식.

다음에 써놓은 것처럼 모두 24가지가 있다. 물론 이 식들의 물리적 근거는 제1법칙과 제2법칙을 결합한 식 dU = TdS − pdV 이다. 열역학의 전개과정에서 열역학적 포텐샬이라고 불리우는 F, G, H 함수들을 추가로 도입하여 이들 포텐샬과 상태변수 U, S, V, T, p 사이의 관계를 기억하는 보조수단으로 Maxwell 사각형을 고안한 것이다. 어떤 변수를 독립변수로 하고 어떤 변수를 종속변수로 하느냐 하는 문제는, 문제의 설정에 따라 할 수 있으며, 수학적으로는 이 선택에 제약을 둘 근거가 없다. 따라서 포텐샬이라는 단어로 불리울 수 있는 변수는 실상 정해 놓을 수 없다. 포텐샬이라는 양은 그것의 구배 (gradient)를 취했을 때 나온 양이, 또 하나의 함수 또는 변수이면, 구배를 취하기 전의 양이 포텐샬이다. 이러한 의미에서 S나 U도 포텐샬이라고 불러줄 수 있는 경우가 있다. 다음 24가지 관계식은 사각형의 각 변에 들어가는 3개의 변수들 사이의 미분 관계에서 즉시 유도되는 것들이다.

1) (S, U, V) 조에서

$$\left(\frac{\partial U}{\partial V}\right)_S = -p,\ \left(\frac{\partial U}{\partial S}\right)_V = T$$

$$\left(\frac{\partial S}{\partial U}\right)_V = \frac{1}{T},\ \left(\frac{\partial S}{\partial V}\right)_U = \frac{p}{T}$$

$$\left(\frac{\partial V}{\partial S}\right)_U = \frac{T}{p},\ \left(\frac{\partial V}{\partial U}\right)_S = -\frac{1}{p}$$

2) (V, F, T) 조에서

$$\left(\frac{\partial F}{\partial V}\right)_T = -p,\ \left(\frac{\partial F}{\partial T}\right)_V = -S$$

$$\left(\frac{\partial V}{\partial F}\right)_T = -\frac{1}{p},\ \left(\frac{\partial V}{\partial T}\right)_F = -\frac{S}{p}$$

$$\left(\frac{\partial T}{\partial V}\right)_F = -\frac{p}{S},\ \left(\frac{\partial T}{\partial F}\right)_V = -\frac{1}{S}$$

3) (T, G, p) 조에서

$$\left(\frac{\partial G}{\partial T}\right)_p = -S,\ \left(\frac{\partial G}{\partial p}\right)_T = V$$

$$\left(\frac{\partial T}{\partial G}\right)_p = -\frac{1}{S},\ \left(\frac{\partial T}{\partial p}\right)_G = \frac{V}{S}$$

$$\left(\frac{\partial p}{\partial G}\right)_T = \frac{1}{V},\ \left(\frac{\partial p}{\partial T}\right)_G = \frac{S}{V}$$

4) (p, H, S) 조에서

$$\left(\frac{\partial H}{\partial S}\right)_p = T,\ \left(\frac{\partial H}{\partial p}\right)_S = V$$

$$\left(\frac{\partial S}{\partial p}\right)_H = -\frac{V}{T},\ \left(\frac{\partial S}{\partial H}\right)_p = \frac{1}{T}$$

$$\left(\frac{\partial p}{\partial H}\right)_S = \frac{1}{V},\ \left(\frac{\partial p}{\partial S}\right)_H = -\frac{T}{V}$$

얻을 수 있다. 이들 중 상당수가 중복이거나 다른 두 식을 결합하여 얻을 수 있다. 각조에서 6개 중 3개는 역수관계이므로 제외하고 나머지 3개 중 임의의 한 개는 다른 두 개의 결합으로 얻어진다. (3.22)형으로 결합된다. 따라서 각 조에서 두 개만이 독립된 관계식이다. 1조에서는 U를 포텐샬로 하는 두 식 이나 S를 포텐샬로 하는 두 식을 독립된 식으로 선택할 수 있다. 2조에서는 F를 포텐샬로 하는 두 식을 선택할 수 있고, 3조에서는 G를 포텐샬로 하는 두 식을 선택할 수 있다. 4조에서는 H를 포텐샬로 하는 두 식이나 S를 포텐샬로 하는 두 식을 선택할 수 있다. 또한 S가 다른 상태변수나 포텐샬로 다양하게 표현됨을 볼 수 있다.

예제 **2조의 첫째 줄 두 식을 사용하여 이상기체의 엔트로피를 구하라.**

해 F = U-TS를 둘째 식에 쓰면 $\left(\frac{\partial U}{\partial T}\right)_V = T\left(\frac{\partial S}{\partial T}\right)_V$. $U = C_V T$를 사용하여 적분하면 $S = C_V \ln T + f(V)$ 여기에서 $f(V)$는 결정되어야 할 미지 함수이다. 첫 번째 식에 대입하면 $\frac{df}{dV} = \frac{R}{V}$을 얻고 적분하면

$$S = C_V \ln T + R \ln V + S_0 \tag{5.69}$$

엔탈피를 이용한 $C_p - C_V$의 계산.

$C_p - C_V$는 실험과 관련되어 열역학에서 중요한 양이다. 앞에서도 다루었으나 여기에서는 enthalpy를 이용하여 계산해 보자. 이 연습을 통하여 열역학 계산의 다양함도 엿볼 수 있다.

$$C_p = \left(\frac{\delta Q}{dT}\right)_p = \left(\frac{dU + p\,dV}{dT}\right)_p = \left(\frac{\partial U}{\partial T}\right)_p + p\left(\frac{\partial V}{\partial T}\right)_p \tag{5.70}$$

$$C_p = \left(\frac{\partial H}{\partial T}\right)_p \tag{5.71}$$

한편 일반적으로 $U = U(V, p, T) = U(V(p, T), T)$로 보고

$$\left(\frac{\partial U}{\partial T}\right)_p = \left(\frac{\partial U}{\partial T}\right)_V + \left(\frac{\partial U}{\partial V}\right)_T \left(\frac{\partial V}{\partial T}\right)_p \tag{5.72}$$

(5.72)를 (5.70)에 대입하면

$$C_p = \left(\frac{\partial U}{\partial T}\right)_V + \left(\frac{\partial U}{\partial V}\right)_T \left(\frac{\partial V}{\partial T}\right)_p + p\left(\frac{\partial V}{\partial T}\right)_p \tag{5.73}$$

$$C_V = \left(\frac{\delta Q}{dT}\right)_V = \left(\frac{\partial U}{\partial T}\right)_V \tag{5.74}$$

(5.72), (5.73)에서

$$C_p - C_V = \left[\left(\frac{\partial U}{\partial V}\right)_T + p\right]\left(\frac{\partial V}{\partial T}\right)_p \tag{5.75}$$

(5.74)을 엔탈피로 표현하자.

$$C_V = \left[\frac{\partial (H - pV)}{\partial T}\right]_V = \left(\frac{\partial H}{\partial T}\right)_V - V\left(\frac{\partial p}{\partial T}\right)_V \tag{5.76}$$

여기에서 $H = H(T, p(T, V))$로 보고
$\left(\frac{\partial H}{\partial T}\right)_V = \left(\frac{\partial H}{\partial T}\right)_p + \left(\frac{\partial H}{\partial p}\right)_T \left(\frac{\partial p}{\partial T}\right)_V$ 이므로

$$C_V = \left(\frac{\partial H}{\partial T}\right)_p + \left(\frac{\partial H}{\partial p}\right)_T \left(\frac{\partial p}{\partial T}\right)_V - V\left(\frac{\partial p}{\partial T}\right)_V \tag{5.77}$$

위 식은 바로 다음 식을 준다.

$$C_p - C_V = \left[V - \left(\frac{\partial H}{\partial p}\right)_T\right]\left(\frac{\partial p}{\partial T}\right)_V \tag{5.78}$$

$C_p - C_V$에 대하여 두 식을 얻었으나 여기에서는 (5.78)를 쓰자.
$dH = TdS + Vdp$에서
$\left(\frac{\partial H}{\partial p}\right)_T = V - T\left(\frac{\partial V}{\partial T}\right)_p$ (M4 사용)을 대입하면

$$C_p - C_V = T\left(\frac{\partial V}{\partial T}\right)_p \left(\frac{\partial p}{\partial T}\right)_V \quad (cf\ \ 5.60) \tag{5.79}$$

(5.75), (5.78), (5.79)이 유용한 결과이다.

유체에서의 열역학 함수들.

유체의 운동방정식은 유체입자에 적용한 Newton의 방정식이다. 유체입자라 함은 유체분자들로 이루어진 작은 알맹이를 말한다. 거시적으로는 작지만 수많은 분자들이 엉겨붙어서 알맹이를 이루고 있다고 보면 된다. 우선 유체입자가 일차원 운동을 한다고 가정하고 운동방정식을 쓰면, 입자가 유체의 압력만 받아서 운동한다고 가정할 때

$$\frac{\partial v}{\partial t} + v\frac{\partial v}{\partial x} = -\frac{1}{\rho}\frac{\partial p}{\partial x} \tag{5.80}$$

여기서 ρ는 유체의 밀도 즉 단위 체적당의 질량이다. 위 식은 Euler 방정식이라고 부르며, 이 미분방정식의 특성곡선(characteristics)을 고려하면 보다 의미가 분명해 진다. 특성곡선 방정식은

$$\frac{dt}{1} = \frac{dx}{v} = -\frac{dv}{\dfrac{1}{\rho}\dfrac{\partial p}{\partial x}} \tag{5.81}$$

(5.81)은 2개의 식을 준다. 즉

$$\frac{dx}{dt} = v \tag{5.82}$$

$$\frac{dv}{dt} = -\frac{1}{\rho}\frac{\partial p}{\partial x} \tag{5.83}$$

특성 곡선은 유체입자의 궤적이다. (5.82)는 입자의 속도가 입자의 변위 dx의 시간적 변화율이라는 것이고 , (5.83)은 입자가 받는 가속도를 나타낸 것이다. 따라서 (5.80)의 좌변은 입자의 궤적을 따라서 취한 속도의 변화율이다. (5.80)과 (5.83)을 비교하면

$$\frac{d}{dt} = \frac{\partial}{\partial t} + v\frac{\partial}{\partial x} \tag{5.84}$$

$\frac{d}{dt}$는 궤적을 따라서 취하는 변화율을 나타내고 우변 연산자는 이것을 (x,t) 면에서 풀어 쓴 것이다. 위에서 고려한 일차원 운동을 삼차원으로 일반화했을 때의 운동방정식은

$$\frac{\partial \vec{v}}{\partial t} + (\vec{v} \cdot \vec{\nabla})\ \vec{v} = -\frac{1}{\rho}\vec{\nabla} p \tag{5.85}$$

유체 입자들 사이에 마찰이 없고 유체매질을 통하는 열교류가 없고 계 전체가 단열 되었다면 엔트로피 S는 일정하다. 이 경우 유체의 운동을 isentropic (등엔트로피)이라고 한다.
이러한 경우에는 (5.80)의 압력 p 대신 엔탈피 H를 도입하면 편리하다.
dh = T ds + V dp에서 ds = 0이므로 dh = V dp. 따라서 (5.85)는

$$\frac{\partial \vec{v}}{\partial t} + (\vec{v} \cdot \vec{\nabla})\vec{v} = -\vec{\nabla}\mathrm{h}\ \ \text{(isentropic)} \tag{5.86}$$

(소문자 h, s는 단위질량당 H, S이다)
유체의 속도가 장소에 따라 다르지만 한곳에서 관찰하면 일정할 때 이 흐름을 정상류(steady flow, 또는 stationary flow)라고 한다.
정상류에 대해서 $\frac{\partial \vec{v}}{\partial t} = 0$이므로

$$(\vec{v} \cdot \vec{\nabla})\vec{v} = -\vec{\nabla}\mathrm{h} \tag{5.87}$$

잘 알고 있는 벡타 관계식에 따라 (5.87)은

$$\frac{1}{2}\vec{\nabla} v^2 - \vec{v} \times (\vec{\nabla} \times \vec{v}) = -\vec{\nabla}\mathrm{h} \tag{5.88}$$

위 식에 $\vec{v}$를 내적하면 (scalar product) 즉 (· $\vec{v}$)를 연산하면 가운데 벡타는 $\vec{v}$에 수직이므로 0이 된다. 따라서

$$(\vec{v}\cdot\overrightarrow{\nabla})\left(\frac{1}{2}v^2+h\right)=0 \tag{5.89}$$

$(\vec{v}\cdot\overrightarrow{\nabla})$는 유체입자 궤적을 따라 취한 도함수이다. 즉 유선(stream line)을 따라 취하는 미분이다. (5.89)은 유선을 따라 $\left(\frac{1}{2}v^2+\mathrm{h}\right)$가 일정함을 말해준다

$$\frac{1}{2}v^2+\mathrm{h}=\mathrm{const.}\ (\text{유선을 따라}) \tag{5.90}$$

위에서 상수 const.는 유선에 따라 다를수 있다. (5.90)이 Bernoulli 방정식이다. 유체가 중력을 받으며 흐를 때 Bernoulli 방정식은 다음과 같다.

$$\frac{1}{2}v^2+\mathrm{h}+\mathrm{g}\ \mathrm{z}=\mathrm{const.} \tag{5.91}$$

(5.91)은 isentropic flow(등엔트로피 류)에서의 에너지 방정식이다. 엔탈피로써 간략하게 표현된다. 일반적으로 열의 흐름이 있고 등압과정이면 $\mathrm{dH}=\mathrm{TdS}$이므로 dH가 δQ를 대치한다. 이러한 이유로 H를 열함수라고 부른다.

유체 입자간에 마찰이 있고 매질을 통해 열전도가 있으면 엔트로피에 대한 식, 즉 에너지 방정식을 써야 한다. 간단히 일차원의 경우를 보면

$$\rho T\frac{dS}{dt}=\frac{4}{3}\mu\left(\frac{\partial v}{\partial x}\right)^2+\frac{\partial}{\partial x}\left(\kappa\frac{\partial T}{\partial x}\right) \tag{5.92}$$

여기에서 μ는 점성 계수 (viscosity coefficient), κ는 열전도 계수이다. (5.92)는 Navier-Stokes 방정식의 일차원 version이다.

(5.92)의 우변의 첫항은 항상 0 보다 크므로 $\frac{dS}{dt}>0$에 기여한다. 우변의 둘째 항이 엔트로피의 증가에 기여함을 보기 위해서 다음 적분을 생각하자.

$$\int_{-\infty}^{\infty}\frac{1}{T}\frac{\partial}{\partial x}\left(\kappa\frac{\partial T}{\partial x}\right)dx\equiv \mathrm{I}$$

이 적분의 의미는 계를 차지한 구간 (삼차원에서는 둘러싸는 면) 안에서의 엔트로피 변화율을 총합하자는 것이다. 부분적분하면

$$I = \frac{1}{T}\left(\kappa\frac{\partial T}{\partial x}\right) + \int_{-\infty}^{\infty} \kappa \frac{1}{T^2}\left(\frac{\partial T}{\partial x}\right)^2 dx$$

여기에서 첫항, 적분된 항은 무한원에서 $\left(\frac{\partial T}{\partial x}\right)$가 0이라고 볼 수 있으므로 없어지고 둘째 항은 명백히 > 0이다. 따라서 마찰이나 열류에 관계된 항은 항상 엔트로피를 증가시킨다.

● **자연과정(spontaneous process).** 자연과정의 결과에서는 엔트로피는 항상 증가한다. 엔트로피가 감소한 결과는 자연과정에 의한 것이 아니다. 한 예로 Joule의 자유팽창 실험에서 한쪽 부분에 모여 있던 기체가 칸막이를 제거함으로써 용기 전체를 채우게 되었을 때, 이 과정은 자연과정이다. 역으로 피스톤을 이용하여, 기체를 한쪽 부분으로 모으는데 성공 했다면, 이 결과는 자연과정에 의한 것이 아니다. 자연계에서 우리 주위에서 일어나는 많은 변환이 자연과정에 의한 것이다. 자연과정에서는 엔트로피는 항상 증가한다. 계의 엔트로피 변화를 $\triangle S_{sys}$, 계와 열역학적으로 상호작용하는 주위 (surrounding)의 엔트로피 변화를 $\triangle S_{sur}$라 했을 때, 계와 주위의 엔트로피 변화는 항상 > 0이다. 즉

$$\triangle S = \triangle S_{sys} + \triangle S_{sur} > 0$$

위 식이 엔트로피 증가 법칙이다. 말로 하면, 자연과정에서 엔트로피가 증가한다는 것이 엔트로피증가 법칙이다. 자연과정은 비가역 과정이다(irreversible process). 한 예로 Joule 자유팽창 실험에서 용기를 채운 기체가 스스로 한쪽으로 몰려 원 상태를 회복하는 것은 불가능하다.

$\Delta S = 0$이면 계와 주위는 평형을 이루고 있다. $\Delta S = \Delta S_{sys} + \Delta S_{sur} < 0$이면 이 변환은 자연과정에 의한 것이 아니고, 그 역변환이 자연과정임을 시사한다. 엔트로피 증가 법칙은 변환의 자연성(spontaneity)을 식별하는 데 사용될 수 있다. 요약하면, 자연과정은 비가역과정이고 문자 그대로 그 역과정으로는 자연변환 되지 않는다.

그러면 과정의 자연성(spontaneity)을 결정하는 물리적 요인은 무엇인가? 예를 들어 말하면, Joule의 자유팽창 후에, 용기를 채우고 있는 기체가 반쪽은 다시 진공으로 왜 돌아오지 못하는가? 기체분자의 운동 자체는 가역적이다. 즉

Newton의 운동방정식은 시간에 대하여 가역적이다. 그럼에도 불구하고 비가역과정은 왜 비가역인가? 이 질문에 대한 대답은 확률 때문이라고 설명한다. 퍼져 있던 기체분자들이 상호간의 거리를 스스로 좁혀서 모여들 변환이 실현될 확률이 거의 0이라는 것이다. 자연과정의 결과로 계는 무질서도(disorder)가 증가했다고 말한다. 또는 자연성은 무질서도를 증가시킨다고 말한다. 즉 엔트로피의 증가는 무질서도의 증가를 의미한다. 무질서도의 개념은 열역학계를 분자의 모임으로 보는 미시적 관점을 택할 때 확률의 개념하에서 이해할 수 있다.

아래의 예는 참고문헌(Porile)에서 저자가 인용한 것이다.

똑같은 분자 2개로 구성된 계를 생각하자. 각각의 분자에 허락된 에너지 값은 1단위에서 6단위까지 정수 값만을 취하여 모두 6가지라고 하자. 어느 한 분자가 가질 수 있는 에너지 값은 6가지, 다른 분자가 가질 수 있는 경우의 수도 6가지이므로 이 계의 에너지 배위는 36가지 이다. 계의 에너지 총합 (E_{total})은 2, 3, 4, 5, 6, 7, 8, 9, 10, 11, 12 단위가 될 수 있다. 확률을 P로 표시하면, E_{total}이 2일 확률은

$$P(E_{total} = 2) = 1/36$$

$$P(E_{total}=3) = 2/36 \quad (3 = 1+2, \text{ 또는 } 2+1)$$

$$P(E_{total} = 4) = 3/36 \quad (4 = 1+3, \text{ 또는 } 3+1, \text{ 또는 } 2+2)$$

$$P(E_{total}=5) = 4/36$$

$$P(E_{total}=6) = 5/36$$

$$P(E_{total}=7) = 6/36$$

$$P(E_{total}=8) = 5/36$$

$$P(E_{total}=9) = 4/36$$

$$P(E_{total}=10) = 3/36$$

$$P(E_{total}=11) = 2/36$$

$$P(E_{total}=12) = 1/36$$

경우의 수, 즉 다중도 (multiplicity)를 전체 경우의 수 (여기에서는 36)로 나눈 것이 등식의 우측에 쓴 확률이다. 예를 들어 $E_{total} = 8$인 상태의 다중도는 5이다. 다중도가 클수록 대응하는 상태가 나타날 확률이 크다. 통계역학적으로

엔트로피는 다중도의 logarithm으로 정의한다(제6장). 다중도 2인 상태에서 다중도 5인 상태로 옮겨갈 확률은 2.5배 증가하지만 그 반대로 다중도 5의 상태에서 다중도 2의 상태로 옮겨 갈 확률은 1/2.5 = 0.4배로 감소한다. 분자의 수가 4개인 계를 생각하면 가능한 에너지 배위의 총수는 6 × 6 × 6 × 6 = 1296가지이고 P(E_{total} = 4) = 1/1296, P(E_{total} = 5) = 4/1296, P(E_{total} = 14) = 146/1296이다. 높은 상태의 확률과 낮은 상태의 두 확률을 비교하면 분자수가 증가할수록 매우 달라진다. 분자수가 Abogadro 수 ($\simeq 10^{23}$) 수 정도면, 높은 확률과 낮은 확률의 다중도의 차이는 초천문학적 수의 차이가 남을 볼 수 있다. 자연과정은 확률이 낮은 상태에서 높은 상태로 변하는 과정이다. 그 반대 과정은 실현 가능성의 확률이 실질적으로 0이다. 자연과정이 비가역 과정임은 이러한 확율의 관점에서 이해할 수 있다.

이렇게 확률로써 정의된 엔트로피가 열역학에서의 엔트로피에 관한 모든 열역학 관계식을 재생산할 수 있음을 수학적으로 보이는 것이 이 책 후반부의 과제이다.

● **Gibbs 함수와 변환의 자연성(spontaneity).** 앞에서 변환의 자연성에 대한 기준으로서 ΔS가 0 보다 큰지 작은지를 사용하였다. $\Delta S = \Delta S_{sys} + \Delta S_{sur}$ 이므로 이 기준을 적용하기 위해서는 계의 엔트로피 변화뿐만 아니라 주위의 엔트로피 변화도 알아야 한다. 후자의 측정은 복잡하므로 계의 상태변수의 변화만으로 변환의 자연성을 결정하는 것이 바람직하다. 이러한 목적에 Gibbs 함수가 적합하다. G = H − TS의 미분을 취하면 $\Delta G = \Delta H - T\,\Delta S$(등온과정에서). $\Delta S_{sur} = \delta Q/T = -\Delta H_{sys}/T/$ (등압과정에서). 따라서

$T\Delta S = T\Delta S_{sys} - \Delta H_{sys} = -\Delta G_{sys}$ (등온 등압과정에서). 고로 변환의 자연성의 판단 기준으로 G를 사용하여 다음과 같이 말할 수 있다.

$\Delta G < 0$일 때 : 자연 변환

$\Delta G = 0$일 때 : 평형 상태

$\Delta G > 0$일 때 : 역변환이 자연변환이다.

● **열역학의 거시적 변수(macroscopic variable)와 미시적 상태(microscopic state) 사이의 관계.** 열역학의 대상은 10^{23}개 정도의 분자로 구성된 계이다. 이들 분자 하나 하나의 운동을 계산하여 계 전체의 동태를 파악하려는 노력은 결코 성공할 수 없다. 운동방정식을 풀기 위한 경계 조건을 알 수 없고, 설령 안다 하더라도 수많은 운동방정식을 다 풀 수도 없고 또 풀었다 한들 그것을 가지고 뭘 어떻게 할지 모른다. 따라서 불가피 하게 어떤 평균적 성질이나, 평균적 동태를 끌어내야 하므로, 평균을 취하여 살아남는 물리량이 열역학의 상태변수이다. 평균을 취할 때 긴요하게 사용되는 양이 분포함수 이다(제1장). 계의 압력이나 내부 에너지는 이러한 평균에 의하여 정의될 수 있는 열역학 변수들이다. 매질의 전자기적 성질을 나타내는 전기 쌍극자 능률(dipole moment)은 계의 대칭성 때문에 평균을 취할 때 없어지지 않고 살아남는 계의 특성 상수라고 할 수 있다. 전자기의 Maxwell 방정식에 나타나는 전자기장도 개개의 하전입자와 관계된 미시적 전기장을 유한한 체적에 걸쳐 평균하여 정의되는 물리량이다. 열역학의 압력, 온도, 내부 에너지 등은 대응하는 물리량에 평균연산을 수행하여 얻을 수 있다. 그러나 열량(Q)은 단순한 평균으로써 정의될 수 없는 물리량이다. 열은 미시적으로 매질의 한부분에서 다른 부분으로 전달되면서 거시적 변수에 영향을 주는 물리량이다. 그것의 실체는 다른 상태변수들과 달리 수학적으로 깔끔하게 정의되지 않기 때문에 심오한 물리적 역할을 하는듯 하다. 열의 심오한 거동은 엔트로피라는 또 하나의 심오한 물리량을 생산하였다. 엔트로피는 어떤 대상에 평균을 취하여 얻어지는 변수가 아닌 만큼, 다음 장에서 계의 미시적 상태를 조사함으로써 보다 명확히 규명될 수 있다.

제6장 엔트로피의 통계역학적 고찰

$$dS = \frac{\delta Q}{T} \tag{6.1}$$

$$S = k \ln \Omega \tag{6.2}$$

$$S = -kn \int f(v) \ln f \, d^3v \tag{6.3}$$

위에 엔트로피에 대한 3개의 식을 적어 보았다. (6.1)은 앞에서 열역학적으로 도입한 상태변수로서의 S에 대한 식이며, (6.2)는 Boltzmann이 통계역학적으로 정의한 엔트로피이다. (6.3)은 분자운동론(Kinetic theory)에서 엔트로피를 정의한 식으로서 Boltzmann의 H-정리(H-theorem)에 대한 표현이다. (6.2)와 (6.3)에서 나타나는 새로운 기호들은 앞으로의 전개에서 그 의미를 알게 될 것이다. (6.2) 식은 엔트로피를 "무질서도"(disorder)라고 해석하는 근거가 되는 식이다. (6.3)은 엔트로피 증가의 법칙과 연관된다. 이 장의 목적은 위 3개의 서로 무관해 보이는 식들이 어떻게 해서 서로 연관되어 있는지를 알아 보는 것이다. 이중의 어느 하나가 다른 둘을 내포하고 있다는 사실이 흥미롭다. 이 3개의 식의 상등성을 통하여 열역학과 분자운동론과 통계역학이 서로 밀접하고, 겹치는 부분이 있다는 것을 미리 알고 공부 하는 것이 좋을 것이다. 특히 (6.1)과 (6.2)의 상등성은 우리의 지적 호기심을 자극한다.

● 확률(probability) 계산.

어떤 계의 열역학적 상태를 통계역학적으로 서술하는 것이 이 장의 목적이다. 그러기 위해서 가장 기본이 되는 경우의 수를 계산하는 몇 가지 사항을 논의하자.

1) n명의 사람을 일렬로 세워 놓을 때, 순서를 달리 하여 정렬한다면 몇 가지 경우가 있는가?

   해 $n! = n(n-1)(n-2)\cdots 1 = {}_nP_n$

   여기에서 P는 순열 (permutation)을 나타낸다.

$${}_nP_r \equiv n(n-1)(n-2)\cdots(n-r+1) = \frac{n!}{(n-r)!}$$

   이 식에서 r = n이면 0!=1로 약속한다.

   ${}_nP_r$은 n명 중에서 r명을 뽑아 순서를 달리하는 경우의 수이다.

2) 조합(combination). n명 중에서 r명 (r < n)을 뽑는 방법의 수이며 ${}_nC_r$이라고 쓴다. 명백히 $r!\,{}_nC_r = {}_nP_r$이므로

$${}_nC_r = \frac{{}_nP_r}{r!} = \frac{n!}{r!\,(n-r)!} \tag{6.4}$$

   명백히, ${}_nC_r = {}_nC_{n-r}$이다.

3) n개의 사과를 r개의 상자에 나누어 담되 상자마다 넣을 수 있는 사과의 개수가 정해져 있다. 이 수를 $n_1,\ n_2,\ \cdots,\ n_r$ 이라고 하자. 그러면 몇 가지 방법으로 상자에 담을 수 있는가?

   해 구하는 경우의 수를 M이라 하면

   $Mn_1!\,n_2!\cdots n_r! = n!$ 따라서

$$\mathrm{M} = \frac{n!}{n_1!\,n_2!\cdots n_r!} \tag{6.5}$$

(6.5)는 중요한 식이고 확실히 알 필요가 있다. r개의 방에 할당된 수의 인원을 투숙시키고 각 방의 사람을 (사람은 서로 다르다: distinguishable) 순열하면 n명의 사람을 순열하는 것과 같다. 사람이 아니고 똑같은 사과(indistinguishable)라도 마찬가지다. 식 (6.5)는 다음과 같이 해서도 얻을 수 있다.

$$M = {}_{n}C_{n_1}\ {}_{n-n_1}C_{n_2}\ {}_{n-n_1-n_2}C_{n_3} \cdots\cdots\ {}_{n-n_1\cdots-n_{(r-1)}}C_{n_r}$$

가령 10개의 사과를 4개의 상자에 나누어 담되 각각 4, 3, 2, 1개씩 담는다면

$$M = {}_{10}C_4\ {}_{6}C_3\ {}_{3}C_2\ {}_{1}C_1 = \frac{10!}{4!6!}\ \frac{6!}{3!3!}\ \frac{3!}{2!}\ \frac{1!}{1!} = \frac{10!}{4!3!2!1!}$$

다중도(Multiplicity).

위에서 설명한 경우의 수 계산은 다음과 같은 실제적 물리 문제를 고려할 때 매우 유용하다. 우리의 대상(계)은 N개의 똑같은 미시적 입자, 즉 전자, 분자 등 한 개 한 개라는 개념으로 셀 수 있는 입자들의 모임이다. 계는 공간 체적 V를 점유하고 있다. 입자 한 개 한 개는 어떤 순간에, 허락된 에너지 상태 (준위 , level) ϵ_1, ϵ_2, $\cdots$,ϵ_l , $\cdots$ 에 놓일 수 있다. 즉 $\epsilon_l(l = 1,2,\cdots)$의 에너지 값을 취할 수 있다. ϵ_1, ϵ_2, $\cdots$ 는 양자화되어 있어서 (quantized) 아무 값이나 취하지 않고 $\epsilon_n - \epsilon_m = (n-m) \times$ 에너지 단위이다. 여기에서 n, m은 정수(integer)이다. 조화진동자(harmonic oscillator)의 경우는 $\epsilon_n - \epsilon_m = \mathrm{h}(n-m)\omega/2\pi$(h는 Planck 상수)이다. 계의 전체 에너지 값은 E이다. 요약하면 N개의 양자화된 입자가 전체 에너지 E를 갖고 체적 V를 점유하고 있다.

이러한 전체적 요건을 만족하는 구성 입자들이, 허락된 에너지 준위에 자리잡는 -배위의 경우의 수가 얼마인가? 다음 표는 N = 4, $E = 8$의 경우에 가능한 몇 개의 미시상태(microstate)를 예시한 것이다. 상태 1~3은 4개의 입자가 갖는 전체 에너지 값이 8로서 거시상태(macrostate)의 스펙(specification)을 만족하고 있으나, 부적합 상태는 전체 에너지 값이 10으로서, 거시상태의 스펙을 만족 시키지 못하고 있다. 상태 1~3은 거시상태의 조합군이라고 말할 수 있다. 통계역학이나, 열역학, 분자운동론에서 앙상블(ensemble)이라는 용어가 통용되므로, 조합군이라는 말 대신 앙상블이라고 명명하겠다.

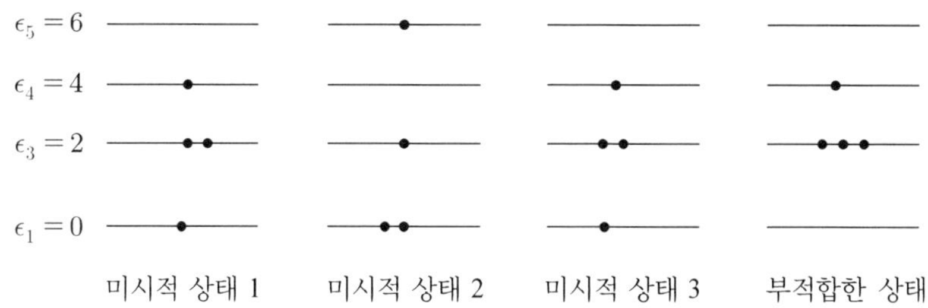

본래 앙상블이라는 말은 음악에서 관현악단이 여러 가지 악기의 연주를 조화롭게 중첩시켜 아름다운 음악을 청중에게 들려줄 때 쓰는 용어이다. 개개의 악기는 고유한 음색을 내고, 악보의 지정된 부분을 연주하지만, 악단 전체로서의 앙상블을 형성하면서, 그날의 음악을 선사한다. Beethoven의 교향곡 5번이라든지, Mozart의 바이올린 협주곡 이라든지. (앞에서 말한 스펙은 악단의 어떤 요건에 해당할 것이다.) 통계물리학의 앙상블은 전체로서 거시적 조건을 만족해야 한다. 위의 예에서는 전체 분자수 N=4이라든지, 전체 에너지 E=8 등의 거시적 조건을 만족하는 앙상블의 구성원의 몇 개의 예를 보여 준 것이다. 어떤 거시적 상태를 구현하는 앙상블의 수, 즉 미시상태의 수를 다중도 (multiplicity)라 한다. 우리의 목적은 어떤 계의 다중도를 계산하는 것이다.

● Boltzmann 통계.

Boltzmann 통계에서는 다중도를 (6.5) 식에 의하여 계산한다. 편의상 기호를 바꾸어서 다음과 같이 쓰자.

$$\Omega = \frac{N!}{\eta_a!\,\eta_b!\cdots\,\eta_l!\,\eta_m!\,\eta_n!\cdots\,\eta_z!} \tag{6.6}$$

여기에서 N은 계의 입자수이며, η_a 등은 양자 상태 a를 점유하고 있는 입자수(occupation number)이다. 따라서

$$N = \sum_{\lambda=a}^{z} \eta_\lambda = \text{일정} \tag{6.7}$$

여기에서는 편의상 점유수를 a, b, ⋯, z 로 제한하였으나 앞으로의 논리의 전개는 이러한 제한과 무관하다. (6.6)이 나타내는 Ω는 N개의 입자를 24개의 양자상태에 분배하는 경우의 수이다. N을 알기 위해서는 각각 상태에서의 점

유수를 알아야 한다. 점유수 η_λ의 집합, $\{\eta_\lambda\}$에 따라서 Ω의 값이 크게 달라짐을 알 수 있다. 예를 들어, N = 24이고 4개의 양자상태를 가진 계라하자. $\eta_1 = \eta_2 = \eta_3 = 0$, $\eta_4 = 24$이면 $\Omega = 1$이다. $\eta_1 = \eta_2 = \eta_3 = \eta_4 = 6$이면 다중도 $\Omega \simeq 2.3 \times 10^{12}$이다. 명백히 Ω가 최대인 경우의 $\{\eta_\lambda\}$가 계의 거시적 특성에 대응하는 에너지 분포라고 할 수 있다. 여기에서 N이 일정하다는 조건 이외에 계의 에너지에 관한 조건이 부과된다. 즉

$$U = \sum_\lambda \eta_\lambda E_\lambda = \text{일정} \tag{6.8}$$

위 식에서 E_λ는 양자상태 λ에 대응하는 에너지 값이다.

그림 (6.2)의 두 그림은 처음 상태의 에너지 분포가 약간 변동을 일으켜 새로운 상태의 분포로 천이한 모습을 나타낸 것이다.

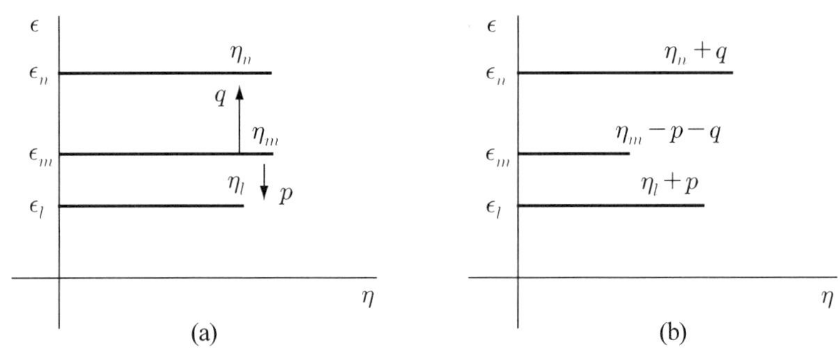

[그림 6.2]

그림 (a)에서 양자상태 ϵ_m에 있는 $(q+p)$개의 입자가 천이 하는데 q개는 $\epsilon_m \to \epsilon_n$으로 올라오고, p개는 $\epsilon_m \to \epsilon_l$로 떨어져서 그림 (b)와 같이 되었다. 이때 정수 p, q가 다음 식을 만족한다고 하자.

$$\frac{\epsilon_n - \epsilon_m}{\epsilon_m - \epsilon_l} = \frac{p}{q} \tag{6.9}$$

즉 상태 (a) → 상태 (b)로의 에너지 분포의 변화가 (6.9)라는 조건을 만족시키면서 일어난다. (a) 상태의 에너지 값은:

$$\epsilon_n \eta_n + \epsilon_m \eta_m + \epsilon_l \eta_l \tag{6.10}$$

(b) 상태의 에너지 값은:

$$\epsilon_n (\eta_n + q) + \epsilon_m (\eta_m - p - q) + \epsilon_l (\eta_l + p) \tag{6.11}$$

이 두 상태의 에너지 값의 변화는 (6.10)-(6.11)인데, 그 결과에 (6.9)를 불러오면 0이 된다.

$$-\epsilon_n q + \epsilon_m (p+q) - \epsilon_l p = q(\epsilon_m - \epsilon_n) + p(\epsilon_m - \epsilon_l) = 0$$

즉 조건 (6.9)는 양자(quanta)들이 천이하더라도 계의 에너지를 일정하게 할 조건이다.

이러한 조건하에서 양자의 재배치가 일어난다고 가정하자. (6.6)에 의해서 표현되는 다중도가 최대라고 하자. 분포 (앙상블) $\{\eta_\lambda\}$의 함수로서 (6.6)의 Ω가 최대이므로 분포 (a) → 분포 (b) 로의 천이에 따르는 Ω의 변화 dΩ는 0이다. 수학적으로 쓰면 dΩ/d$\{\eta_\lambda\}$ = 0라는 뜻이다. 따라서 다음 등식을 쓸 수 있다.

$$\frac{N!}{\eta_a!\,\eta_b!\cdots\,\eta_l!\,\eta_m!\,\eta_n!\cdots\,\eta_z!} = \frac{N!}{\eta_a!\,\eta_b!\cdots(\eta_l+p)!\,(\eta_m-p-q)!\,(\eta_n+q)!\cdots\,\eta_z!}$$

위 식의 좌 (우) 변은 배위 (a) (b)에 대응하는 다중도이다. 위 등식을 정리하면 다음을 얻는다.

$$\frac{(\eta_l+p)!\,(\eta_m-p-q)!\,(\eta_n+q)!}{\eta_l!\,\eta_m!\,\eta_n!} = 1 \tag{6.12}$$

$$[(\eta_l+1)(\eta_l+2)\cdots(\eta_l+p)]\,[(\eta_n+1)(\eta_n+2)\cdots(\eta_n+q)] = \frac{\eta_m!}{(\eta_m-p-q)!}$$

$$\eta_m! = (\eta_m-p-q)!\ \{(\eta_m-p-q+1)(\eta_m-p-q+2)\cdots\,\eta_m\}$$

위 식에서 괄호 { } 안의 부분은 (p+q) 개항의 곱이다. 따라서 위 두 식은 다음 표현을 준다.

$$[(\eta_l+1)(\eta_l+2)\cdots(\eta_l+p)][(\eta_n+1)(\eta_n+2)\cdots(\eta_n+q)]=$$
$$\{(\eta_m-p-q+1)(\eta_m-p-q+2)\cdots\eta_m\}$$

$p \ll \eta_l$, $q \ll \eta_n$, $p+q \ll \eta_m$을 가정하면 위 식은 근사적으로

$$\eta_l{}^p\eta_n{}^q=\eta_m{}^{p+q} \text{ 또는 } \left(\frac{\eta_l}{\eta_m}\right)^p=\left(\frac{\eta_m}{\eta_n}\right)^q \tag{6.13}$$

식 (6.13)는 Boltzmann 통계에 의한 다중도(확율)가 최대일 때에 만족되는 조건이다.
(6.13)의 log를 취하여

$$\frac{1}{\epsilon_m-\epsilon_l}\ln\frac{\eta_l}{\eta_m}=\frac{1}{\epsilon_n-\epsilon_m}\ln\frac{\eta_m}{\eta_n} \tag{6.14}$$

(6.14)는 임의의 세 에너지 level과 점유수 사이에서 성립하는 식이다. 양자도약하는 에너지 양 p, q가 조건 (6.13)를 만족하는 한 성립하는 일반성을 갖고 있다. (6.13)는 $d\{\eta_\lambda\}$가 미소할 때 당연히 타당하다고 볼 수 있다. 따라서 (6.14)가 표현하는 양은 상수이며, β로 표시하자. 그러면

$$\ln\frac{\eta_j}{\eta_i}=\beta(\epsilon_i-\epsilon_j) \tag{6.15}$$

여기에서 η_i를 기저상태(ground state)의 점유수로 보아 η_0로 놓고, 기저 상태의 에너지 값을 0이라 하면

$$\eta_j=\eta_0 e^{-\beta\epsilon_j} \tag{6.16}$$

여기에서 β는 에너지의 역수의 단위(dimension)를 갖는데 평형상태의 계에서 이러한 단위를 갖는 공통적 물리량은 Boltzmann 상수×온도=kT이다:

$\beta = 1/kT.$

$$\eta_j = \eta_0 e^{-\frac{\epsilon_j}{kT}}$$

이 식이 유명한 Boltzmann 분포이다. Boltzmann 통계의 다중도 (6.6)을 최대로 하는 입자 분포이다. 에너지 준위 ϵ_j에 놓여지는 입자들의 상대적 수를 주는 식이다. 이러한 분포를 갖을 확률이 최대라는 조건을 만족하고 있다. 계의 평형상태에서의 분포이기도 하다.
이때 Boltzmann 입자들은 서로 분간할 수 있다고 보아도 되고 (distinguishable) 분간할 수 없다고 보아도 된다(indistinguishable). 고전적으로 연속 분포하고 있는 전자기체(electron gas)에 적용할 수 있다.

● Boltzmann의 엔트로피

Boltzmann은 엔트로피를 그의 유명한 다음 식으로 나타내었다.

$$S = k \ln \Omega \tag{6.17}$$

Ω는 앞에서 구한 다중도이다. [(6.6) 식]. 학자들은 그의 묘비에도 새겨진 (6.17) 식을 Boltzmann 이 어떤 영감에 의하여 발명하였는지 추론해 보았다. 우선, 엔트로피가 다중도의 함수라고 가정하자:

$$S = \phi(\Omega)$$

복합계의 엔트로피는 각각의 단일계의 엔트로피를 보태서 얻을 수 있고 (additive), 확률(다중도)은 각각의 계의 확률을 곱해서 얻을 수 있다(multiplicative). 즉 $S = S_1 + S_2$, $\Omega = \Omega_1 \Omega_2$이므로 $\phi(\Omega_1 \Omega_2) = \phi(\Omega_1) + \phi(\Omega_2)$이다.
$f(x,y) = f(x) + f(y)$의 성질을 갖는 함수는 log함수이므로

$$S = k \ln \Omega + const.$$

여기서 상수는 0으로 놓을 수 있다. 이것은 열역학적 엔트로피가 가산적으로 미정상수를 허용하기 때문이다. Boltzmann 상수 k는 열역학의 엔트로피와의

관계가 확실해 지면 (즉 동일한 것으로) 기체상수 R의 항으로 나타낼 수 있다 (k × Avogadro 수 = R). 배위(configuration)의 수는 항상 1 보다 크므로 S는 0 보다 크다. 위의 추론은, 물론 (6.17)를 증명하는 것이 아니다. 단지 (6.17)이 그럴듯해 보인다는 것을 예시한 것이다.

다시 이상기체를 생각해 보자. 이상기체는 병진 모드(translational mode)에 대응하는 에너지만 갖는다. 따라서 어떤 한 개의 원자가 갖는 병진 에너지 준위는 그 원자가 놓여질 수 있는 장소의 수에 비례하므로, 기체를 담고 있는 용기의 체적에 비례한다. 많은 원자가 담겨 있는 경우에, 원자배위의 수는 체적을 원자수 만큼 곱한 것이다(V^N). 이것은 에너지 준위의 수가 V에 비례하기 때문이다. 첫 번째 원자가 놓일 수 있는 에너지 준위의 수는 V에 비례하고, 두 번째 원자가 놓일 수 있는 에너지 준위의 수도 V에 비례하고, …, 등등. 따라서, Avogadro 수, N_A 개의 원자를 갖는 계에 대해서는 $\Omega \propto V^{N_A}$이다. 따라서 이 계가 등온팽창하여 체적이 $V_1 \rightarrow V_2$로 되었다면, 이때 엔트로피의 변화는

$$\Delta S = k \ln \Omega_2 - k \ln \Omega_1 = k \ln \frac{\Omega_2}{\Omega_1} = k \ln \left(\frac{V_2}{V_1} \right)^{N_A} = R \ln \frac{V_2}{V_1}$$

이 결과는 거시적 열역학 상태 방정식에서 얻은 결과와 일치한다.

엔트로피 최대의 상태가 평형상태이다. 기체가 작은 체적에서 큰 체적으로 스스로 팽창하였다면, 이때 평형상태에 달했을 때 기체의 에너지 배위의 수 (다중도)는 체적의 팽창 때문에 천문학적 수자로 증가한다. 만약 2 배가 되었다면

$$\frac{\Omega_2}{\Omega_1} = 2^{6 \times 10^{23}}$$

여기에서 2의 6승은 분자 1개가 갖는 위상공간 (phase space, 또는 μ-space)의 차원이 6이기 때문이다. 위상공간(μ-space)은 위치좌표에 대해서 3차원, 운동량에 대해서 3차원 공간이다. 위에 나타난 숫자는 천문학적인 큰 숫자이다. 기체의 체적이 2배가 되면 다중도가 위의 수 만큼 커져서, 이때의 엔트로피를 갖고 평형상태에 들어간다. 체적이 스스로 반이 될 확률은 위 숫자의 역수 인데, 너무나 작아서 스스로 반이 되기는 확실히 불가능하다.

예제 원자의 수 N = 4, 이들 원자의 에너지의 총합은 E = 6이다.

(a) 2개의 에너지 준위가 허락되었을 때 (0과 6)의 다중도는 몇인가?

(b) 3개의 에너지 준위가 허락되었을 때 (0, 3, 6)의 다중도는 몇인가?

(c) 7개의 준위가 허락되었을 때 (0, 1, 2, 3, 4, 5, 6)의 다중도는 몇인가?

에너지 준위 도면상에서 표시하라.

해 (a) : 1, (b) : 2 (C) : 9

● 엔트로피의 실체를 규명하기 위해서 식 (6.6)을 식 (6.17)에 넣어 보자.

(6.6)의 log를 취하면

$$\ln \Omega = \ln N! - \sum_q \ln \eta_q ! \tag{6.18}$$

여기에 Sterling의 공식

$$\ln X! = X \ln X - X \tag{6.19}$$

를 사용하면

$$\ln \Omega = N \ln N - N - \sum_q [\eta_q \ln \eta_q - \eta_q]$$

$N = \sum_q \eta_q$이므로 위 식은 다음과 같다.

$\ln \Omega = N \ \ln N - \sum_q \eta_q \ \ln \eta_q = N \ \ln N - N \sum_q \frac{\eta_q}{N} \ \ln \left[\frac{\eta_q}{N} \ N \right]$ 이므로

$$\ln \Omega = -N \sum_q \left[\frac{\eta_q}{N} \ \ln \ \frac{\eta_q}{N} \right] \tag{6.20}$$

양자 상태 (quantum state) q의 확률을 다음과 같이 정의하자.

$$P_q = \frac{\eta_q}{N} \tag{6.21}$$

이 비는 q − 상태의 점유수의 전체 입자수에 대한 %이다. 그러면

$$S = -\mathrm{kN} \sum_q P_q \ln P_q \qquad (6.22)$$

다음에 묻고자 하는 질문은 계의 에너지를 미소하게 변화시키면 (약간의 열을 가하여) 계의 다중도에는 어떤 변화가 발생하는가? 이다. 즉 dE와 dΩ 사이의 관계는 어떠한가 이다. dΩ 대신 Ω에 log를 취한 양, dS와 dE 사이의 관계를 조사해 보자. 위 식의 미분을 취하면

$$dS = -\mathrm{kN} \sum_q (dP_q \ln P_q + dP_q)$$

위 식의 마지막 항은 dN에 비례하는데, N이 일정하므로 0이 된다. 따라서

$$dS = -\mathrm{kN} \sum_q \frac{d\eta_q}{N} \ln \frac{\eta_q}{N} = -\mathrm{k} \sum_q \mathrm{d}\eta_q (\ln \eta_q \ln \mathrm{N})$$

앞에서와 같은 이유로 위 식의 마지막 항은 0이다. 따라서

$$dS = -\mathrm{k} \sum_q \mathrm{d}\eta_q \ln \eta_q \qquad (6.23)$$

여기에서 평형상태에서의 η_q 값, 즉 Boltzmann 분포값 (6.16) 식을 사용하면

$$dS = -\mathrm{k} \sum_q \mathrm{d}\eta_q (\ln \eta_0 - \beta E_q)$$

다시

$$\sum_q \mathrm{d}\eta_q = \mathrm{d} \sum_q \eta_q = \mathrm{d}\, \mathrm{N} = 0$$

$dS = \beta k \sum_q \mathrm{d}\eta_q E_q$이다. 여기에서 $\sum_q \mathrm{d}\eta_q E_q$는 점유수의 변화에 수반하여 나타나는 계의 전체 에너지의 변화이고 당연히 dE라고 쓴다. 따라서,

$$dS = \beta \mathrm{k}\ dE = \frac{dE}{T} \tag{6.24}$$

이상의 논의에서 계의 체적은 일정하다고 놓았으므로 제1법칙에 따라 $\delta Q = dE$이고, 위 식은

$$dS = \frac{\delta Q}{T} \tag{6.25}$$

라는 열역학 관계식이 된다. 통계역학적으로 정의된 엔트로피 (6.17)이 열역학적 엔트로피와 일치함을 보였다.

예제 **평형 상태에 대응하는 다중도가 열역학적 내부에너지와 어떤 관계가 있는가?**

해 (6.20) 식을 쓴다. ln Ω를 최대로 하는 분포는 (6.16)로 주어지는 Boltzmann 분포이다.
이것을 대입하면
$\ln\Omega = -\mathrm{N}\sum_q \frac{\eta_q}{N}[\ln\ \eta_0 - \beta\epsilon_q\beta]$, 첫 항은 떼어 버리고(why ?)
$\ln\Omega = \beta\sum_q \eta_q\epsilon_q = \beta\mathrm{E}$ 여기에서 E 대신 U라고 쓰자(내부에너지).
위 식의 미분을 취하고 열역학 관계식 dU=TdS를 쓰면 d ln Ω=dS/k가 된다. 즉 (6.17) 식으로 돌아간다.

예제 **Boltzmann 분포 (6.16)식과 점유수의 상대 확률에 관한 식 (6.21)에는 아직 모르는 상수 η_0가 들어 있다. 이 상수는 모든 에너지 level에 대한 확률의 합은 1이고, 모든 에너지 level에 대한 점유수의 합은 총 quanta의 개수 N과 같다는 조건 하에서 결정된다. 결정하라.**

해 $\mathrm{N} = \sum_q \eta_q$에 (6.16) 식을 대입하면 $\mathrm{N} = \sum_q \eta_0 e^{-\beta E_q} = \eta_0 \sum_q e^{-\beta E_q}$
따라서

$$\eta_0 = \frac{N}{Z},\ P_q = \frac{e^{-\beta E_q}}{Z}$$

여기에서 $Z=\sum_q e^{-\beta E_q}$를 구분함수(partition function)라 한다. 명백히 $\sum_q P_q =$ 1이다.

예제 **식 (6.22)의 S를 최대화하는 P_q를 다음의 제약 조건(constraint) 하에서 구하라.**

제약 조건:

$$U=\sum_q \eta_q E_q = \text{일정} \tag{6.26}$$

$$N=\sum_q \eta_q = \text{일정} \tag{6.27}$$

이 문제는 Boltzmann 분포를 다른 방법으로 구하는 것이다. 즉 (6.22) 식과 주어진 제약조건 하에서 수학적으로 구하는 문제이다. 제약 조건이 따르는 경우의 최대치를 구할 때는 Lagrange 미정계수법을 사용한다(Lagrange undetermined multiplier). 부록 A.

$\eta_q=NP_q$를 사용하여 (6.26)을 다시 쓰면

$$N\sum_q P_q E_q - U = 0 \tag{6.28}$$

(6.28)에 미정상수 C를 곱하자.

$$C[N\sum_q P_q E_q - U] = 0$$

이것을 (6.22)에 보태면

$$S = -kN\sum_q P_q \ln P_q + C[N\sum_q P_q E_q - U] \tag{6.29}$$

이 식을 P_q에 대하여 미분하면

$$dS = -kN[\sum_q P_q \, d\ln P_q + \sum_q dP_q \ln P_q] + CN\sum_q E_q dP_q$$

dS=0로 놓아서

$$\sum_q \mathrm{d}P_q + \sum_q \ln P_q \mathrm{d}P_q - \frac{C}{k} \sum_q E_q \mathrm{d}P_q = 0$$

$$\sum_q (1 + \ln P_q + \beta E_q) \mathrm{d}\,\mathrm{P}_q = 0 \tag{6.30}$$

여기에서 $\beta = -\mathrm{C}/\mathrm{k}$이다. 다음 두 번째 제약 조건은

$$\sum_q P_q = 1 \tag{6.31}$$

이 식의 미분을 취하면

$$\sum_q \mathrm{d}P_q = 0 \tag{6.32}$$

(6.30)와 (6.32)를 동시에 만족시키기 위해서는 $(1 + \ln P_q + \beta E_q)$가 q에 무관한 상수라야 한다. 즉 $\ln P_q + \beta E_q = A$; 상수, 즉

$$P_q = e^A e^{-\beta E_q} \tag{6.33}$$

상수 A는 (6.31) 식에 따라 결정될 수 있다. $1 = e^A \sum_q e^{-\beta E_q}$이므로

$$P_q = \frac{e^{-\beta E_q}}{Z},\ \mathrm{Z} = \sum_q e^{-\beta E_q} \tag{6.34}$$

여기에서 Z를 구분함수(partition function)라 한다. (6.34)은 (6.16)과 동일한 Boltzmann 분포를 표현한다. 앞에서 밝힌 바와 같이 $\beta = 1/\mathrm{kT}$이고, 양지상태 q에서의 에너지 E_q는 계의 체적 V와 관계 있다. 따라서 구분함수 Z는 Z=Z(T, V)이다.

(T, V)가 결정되어 있는 평형상태에서 Z는 상수이다.

Partition function과 열역학 함수와의 관계

엔트로피 S를 다중도 Ω보다 구분함수 Z로 나타내는 것이 편리할 때가 있다. (6.22) 식에 따라서,

$$S = -k\sum_q P_q \ln \frac{e^{-\beta E_q}}{Z} = k\sum_q P_q \ln Z + k\beta \sum_q P_q E_q$$

$$S = k \ln Z + k\beta U = k \ln Z + \frac{U}{T} \tag{6.35}$$

위 식에서 내부 에너지 U는

$$U = \sum_q P_q E_q = \sum_q \frac{e^{-\beta E_q}}{Z} E_q \tag{6.36}$$

$Z = \sum_q e^{-\beta E_q}$를 미분하면

$$\left(\frac{\partial Z}{\partial \beta}\right)_V = -\sum_q E_q e^{-\beta E_q}$$

이 식을 (6.36)에 대입하면

$$U = -\frac{1}{Z}\left(\frac{\partial Z}{\partial \beta}\right)_V = -\left(\frac{\partial \ln Z}{\partial \beta}\right)_V \tag{6.37}$$

$\beta = \frac{1}{kT}$이므로, 위 식은 다음과 같이 된다.

$$U = kT^2\left(\frac{\partial}{\partial T}\ln Z\right)_V \tag{6.38}$$

예제 **압력 p를 Z의 함수로 나타내어라.**

해 Z = Z(T,V)에서 시작하면

$$d\ln Z = \left(\frac{\partial \ln Z}{\partial \beta}\right)_V d\beta + \left(\frac{\partial \ln Z}{\partial V}\right)_\beta dV$$

$$= -Ud\beta + \left(\frac{\partial \ln Z}{\partial V}\right)_\beta dV$$

$$= \beta\ dU - d(U\beta) + \left(\frac{\partial \ln Z}{\partial V}\right)_\beta dV$$

$$\beta\, dU = d(\ln Z + U\beta) - \left(\frac{\partial \ln Z}{\partial V}\right)_\beta dV$$

여기에 dU = T dS − p dV를 쓰자.

$$\beta\ T\, dS = \beta\, dU + \beta\, p\, dV$$

$$\beta\ T\, dS = d(\ln Z + U\beta) + \left[\beta p - \left(\frac{\partial}{\partial V}\ln Z\right)_\beta\right] dV$$

한편 (6.35) 식에서

$$dS = k\, d(\ln Z + \beta U)$$

위 두 식을 비교 하면 다음 식을 얻는다.

$$p = kT\left(\frac{\partial \ln Z}{\partial V}\right)_T \tag{6.39}$$

Helmholtz 함수 F = U − TS는 (6.35)에서 즉시 얻어진다.

$$F = -kT\ \ln\ Z \tag{6.40}$$

$$Z = e^{-\beta F} \tag{6.41}$$

dF = dU − T dS − S dT = − p dV − s dT를 $(dT)_V$로 나누면

$$S = -\left(\frac{\partial F}{\partial T}\right)_V = k\ln Z + kT\left(\frac{\partial \ln Z}{\partial T}\right)_V \tag{6.42}$$

여기에서 (6.38)을 쓰면 (6.35) 식을 도로 얻는다. 즉 엔탈피 H는

$$\mathrm{H} = \mathrm{U} + \mathrm{pV} = \mathrm{k\,T}\left[\mathrm{T}\left(\frac{\partial \ln Z}{\partial \mathrm{T}}\right)_V + \mathrm{V}\left(\frac{\partial \ln Z}{\partial \mathrm{V}}\right)_T\right] \tag{6.43}$$

Gibbs 함수 G는 다음과 같다.

$$\mathrm{G} = \mathrm{F} + \mathrm{pV} = \mathrm{k\,T}\left[-\ln \mathrm{Z} + \mathrm{V}\left(\frac{\partial \ln Z}{\partial \mathrm{V}}\right)_T\right] \tag{6.44}$$

● 앙상블의 통계역학과 열역학

우리의 통계적(또는 다체의 물리적 대상, Avogadro 수만큼이나 많은 입자로 이루어진) 대상을 앙상블(ensemble)로 대치하는 개념은 J. W. Gibbs 교수의 획기적 창안이었다. 어떤 거시적 특성을 나타낼 수 있는 미시적 구조는 다양하게 분포되어 있을 수 있다. 미시적 구조에 있어서 서로 차이가 있는, 한 세트 한 세트가 앙상블의 멤버가 된다. 거시적 특성에 대응하는 열역학적 변수들은 미시적 상태들을 평균 하여 즉 앙상블 평균(ensemble average)을 취하여 얻을 수 있다. 앙상블 멤버들은 그 앙상블이 대표하는 거시적 특성에 부합하도록 한 두가지 자격요건이 부과된다. 어떤 앙상블이 물리적으로 합당한가의 여부는 그 앙상블로부터 얻는 거시적 특성이 (평균을 취하여) 이미 고전적으로 유도된 열역학 관계식과 부합하느냐에 달려 있다. Gibbs가 창안한 표준앙상블(canonical ensemble)과 미세표준앙상블(microcanonical ensemble)이 많이 사용되는 앙상블이다. 이 두 앙상블이 각기 스펙은 다르지만 내용적으로 상등하다는 것이 밝혀졌다. (참고문헌, Hwang).

앙상블하면 다중도가 머리에 떠오른다. 다중도로써 미시적 구조의 다양함을 나타낼 수 있기 때문이다. 한 예로, 2계가 열적으로 통하지만 (서로 에너지를 주고 받을 수 있다) 외부와는 단열되었다고 하자. 즉 고립된 복합계이다. 그림 (6.3).

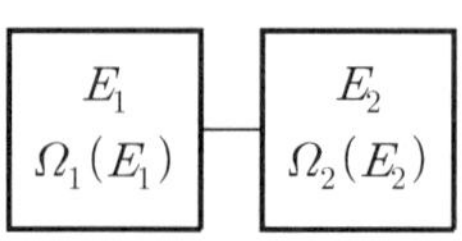

[그림 6.3]

따라서 이 복합계의 총 에너지는

$$\mathrm{E} = E_1 + E_2 : \ const.$$

각각의 계의 다중도가 에너지의 함수라고 하면, $\Omega_1(E_1)$, $\Omega_2(E_2)$라고 쓰자. 그러면 이 복합계의 다중도는 $\Omega(\mathrm{E}) = \Omega_1(E_1)\Omega_2(E_2)$이다. 두 계가 충분히 오랫동안 열접촉이 이루어진 후 평형상태에 달했을 때, 이 복합계의 미시적 구조는 다중도를 최대로 하는 것이다. 이것은 통계역학의 기본적 관점에 부합한다. 수학적으로, 이 최대 다중도의 조건은

$$\frac{d}{dE_1}\left[\Omega_1(E_1)\Omega_2(E_2)\right] = 0$$

즉,

$\dfrac{d\Omega_1}{dE_1}\Omega_2 + \Omega_1\dfrac{d\Omega_2}{dE_2}\dfrac{dE_2}{dE_1} = 0$, $\mathrm{d}E_1 = -\,\mathrm{d}E_2$이므로

$$\frac{d\Omega_1}{dE_1}\Omega_2 - \Omega_1\frac{d\Omega_2}{dE_2} = 0$$

$$\frac{d}{dE_1}\ln\Omega_1 = \frac{d}{dE_2}\ln\Omega_2$$

이 조건을 만족 하는 평형상태는 두 부속계의 온도가 공통으로 온도 T를 갖는 상태이므로

$$\frac{1}{kT} = \frac{d\ln\Omega}{dE} \tag{6.45}$$

라고 놓을 수 있다. 이 식이 온도의 통계역학적 정의이다. $k\ln\Omega = S$이므로 위 식은

$$\frac{1}{T} = \frac{dS}{dE}$$

즉 $TdS = dE$이다.

표준앙상블(canonical ensemble: CE).

어떤 작은 계가 열 저수지에 접촉되어 있어서 일정한 온도를 유지하고 있을 때 그 계는 CE로 나타낼 수 있다. 열저수지(heat reservoir)는 열용량이 무한대로서, 열의 출입이 있어도 온도가 변하지 않는다. 즉 우리의 대상인 (작은) 계는 열 저수지로부터 열을 빼어올 수 있지만 열저수지의 온도는 일정하다. 열 저수지의 에너지의 변화는 E$-\varepsilon$이라고 쓸 수 있고, 이때 $E \gg \varepsilon$이다. 그림 (6.4).

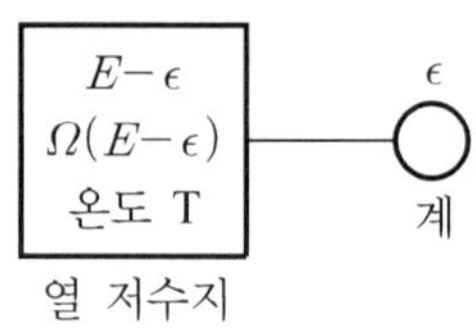

[그림 6.4]

열저수지의 다중도는 매우 크지만 계의 다중도는 1이라고 놓을 수 있다. 이러한 구조를 갖는 복합계는 CE로 나타낼 수 있다. 이처럼, 고립계가 아니고, 외부와 열적으로 소통할 수 있는 계를 대상으로 할 때, CE가 적합하다.

작은 계가 에너지 ε을 갖을 확률 $P(\varepsilon)$은 $P(\varepsilon) \propto (E-\varepsilon) \times 1$이다. 여기에서 1은 계의 다중도이다. $E \gg \varepsilon$이므로

$$\ln\ \Omega(E-\varepsilon) = \Omega(E) - \varepsilon \frac{d \ln \Omega(E)}{dE} + \cdots$$

$$= \ln\ \Omega(E) - \frac{\epsilon}{kT},\ \text{[(6.45) 사용]}$$

$$\Omega(E-\varepsilon) = \Omega(E)\, e^{-\frac{\epsilon}{kT}}$$

$$P(\varepsilon) \propto\ \Omega(E)\, e^{-\frac{\epsilon}{kT}} \tag{6.46}$$

즉 계의 에너지가 ε 일 때 계의 앙상블의 밀도는 Boltzmann 인자 $e^{-\frac{\epsilon}{kT}}$를 갖는다. 이 Boltzmann 분포가 최대확율을 주는 분포이다. 정리하면: 어떤 계가 고립계가 아니고 이보다 훨씬 큰 계와 열평형을 이루고 있을 때 작은 계의 열역학적 서술에 적합한 앙상블이 CE이다.

● 미시표준앙상블(microcanonical ensemble: MCE).

앙상블은 다중도의 밀도로 나타낼 수 있다. 그러자면 다중도의 밀도를 수학적으로 나타낼 수 있는 공간이 정해져야 되는데 그러한 공간의 어느 부분에서는 밀도가 크고 어느 부분에서는 밀도가 작다는 등의 말이 의미가 있어 질 것이다. 제1장에서 잠시 도입한 분포함수와 같은 것이다. 앙상블의 밀도를 수식화하는 공간은 $\Gamma-$공간($\Gamma-$space)를 많이 쓴다. $\Gamma-$공간은 계를 구성하는 모든 입자의 위치좌표와 운동량 좌표로 구성하는 다중차원의 초공간이다.
입자 한 개에 대하여 6차원이 필요하므로 입자의 수를 N이라 하면, $\Gamma-$공간은 6N 차원의 초공간이다. 위상 공간의 좌표를 q_i(i = 1, ⋯, 3N), p_i(i = 1, ⋯, 3N)로 나타내자. 여기에서 q는 위치 좌표, p는 운동량 좌표에 대응한다. 그러면 $\Gamma-$공간은 (q_i, p_i) (i = 1, ⋯, 3N)의 6N 차원의 공간이다. $\Gamma-$공간에서의 에너지를 (운동에너지 + potential 에너지) Hamiltonian 이라고 한다.
기초 역학 책을 보면, 조화진동자(Harmonic oscillator) 1개의 에너지를 위상공간($\Gamma-$space)에서 표현하면 $\dfrac{p^2}{2m}+\dfrac{1}{2}m\omega^2 q^2 \equiv$ H 인데 에너지를 위상공간의 좌표(p, q)로 표현한 것이다.
MCE에 대한 논의로 돌아가자. 앙상블의 밀도를 나타내는 분포함수를 Hamiltonian의 함수로 보고, 앙상블 밀도를 D(H)라 했을 때

$$\text{D(H)} = \begin{cases} \text{일정} & ;\ E_0 \le H \le E_0 + \Delta E \\ 0 & ;\ otherwise \end{cases} \tag{6.47}$$

로 주어지는 스펙을 가진 앙상블이 MCE이다. 에너지각(energy shell) 앙상블이라고도 한다. (6.47)가 말해 주듯이 다중도의 분포가 E_0를 중심으로 얇은 폭 안에만 들어 있다. 따라서 계의 에너지가 E_0인 거시적 상태에 대응하는 앙상블이다.

예제 **2개의 자유입자 (상호작용 하지 않기 때문에 potential 에너지는 없고 운동 에너지만 있다)가 직선 구간 x = (0, L) 사이를 1 차원 운동한다. 질량은 똑같이 m이다. 이 2-입자 계의 에너지를 E_0라 하고, 이 계가 밟을 수 있는 위상공간을 설명하라.**

해 (q_1, q_2) 공간에서는 길이 L인 정 4각형 면적이고 (p_1, p_2) 공간에서는 반경이 $(2mE_0)^{1/2}$인 원주이다. 이 계의 $\Gamma-$공간에서 밟을 수 있는 공간은 위 두 공간의 합이라고 상상하면 된다. 에너지가 E_0를 중심으로 폭 δE를 허락한다면 (p_1, p_2) 공간은 E_0를 중심으로 폭, $\delta p = \left(\frac{m}{2E_0}\right)^{1/2} \delta E$인 원형 띠이다.

(6.47) 식으로 돌아가서, 이 각(shell) 안에 들어 있는 미시상태의 수는 ($\Gamma-$공간에서) 다음 적분으로 주어진다.

$$\Delta\Gamma(E) = \int_{E<H<E+\Delta E} d^3p_1 \cdots d^3p_N d^3q_1 \cdots d^3q_N D(p,q) \tag{6.48}$$

여기에서 $D(p, q) = 1$로 놓을 수 있고, $\Delta\Gamma$는 에너지 E에 대응하는 각의 체적이다. 앙상블 밀도를 1로 보았기 때문에 $\Delta\Gamma$는 다중도이다. 따라서

$$S = k \ln \Delta\Gamma \tag{6.49}$$

로 엔트로피를 나타낼 수 있다. (6.48) 식으로 주어진 각의 체적은 0 < H < E인 구의 체적과 비교할 때 별 차이가 없다. 즉 다음 식

$$\Gamma(E) = \int_{H<E} d^3p_1 \cdots d^3p_N d^3q_1 \cdots d^3q_N \tag{6.50}$$

과 (6.48)는 거의 같다. 이것은 N이 매우 클 때, 최 외곽의 각의 체적이 구의 체적과 거의 같다는 계산이 나오기 때문이다. 따라서 엔트로피는 (6.49) 식 대신에

$$S = k \ln \Gamma \tag{6.51}$$

로써 계산하는 것이 편리하다. 이 내용을 참고문헌 Kittel을 따라 증명하겠다. 반경 R의 v-차원 공간에서의 구를 생각하자. 이 구의 체적은

$$V(R) = CR^{\nu} \tag{6.52}$$

로 놓을 수 있다. 여기에서 C는 상수이다. 각의 두께를 S라하면 각의 체적 V_S는 다음을 만족한다.

$$\begin{aligned} V_S &= \mathrm{V(R)} - \mathrm{V(R-S)} \\ &= \mathrm{C}\ [R^{\nu} - (R-S)^{\nu}] \\ &= \mathrm{C}\ R^{\nu}[1 - \left(1 - \frac{S}{R}\right)^{\nu}] \\ &\simeq \mathrm{C}\ R^{\nu}\ [1 - e^{-S\nu/R}] \end{aligned} \tag{6.53}$$

위의 근사등식은 다음 두 식을 비교하면 명백하다.

$$(1-x)^{\nu} = 1 - \nu x + \frac{\nu(\nu-1)}{2!}x^2 - \frac{\nu(\nu-1)(\nu-2)}{3!}x^3 + \cdots$$

$$e^{-\nu x} = 1 - \nu x + \frac{\nu^2}{2!}x^2 - \frac{\nu^3}{3!}x^3 + \cdots$$

여기에서 ν는 차원수이므로 1보다 매우 큰 수이다. 위 두 식이 거의 같은 값을 준다.

(6.53)에서 $VS \gg R$일 때, exponential 항은 거의 0 이다. 보통 거시상태에서 $V \sim 10^{23}$이므로 $S \gg R10^{-23}$라는 부등식은 실질적으로 에너지 폭에 무관하게 성립한다. 따라서 $V_S \simeq V(R)$이며, (6.51)에 따라 엔트로피를 계산하여도 좋다. (6.50)으로 주어지는 체적을 무단위로 하기 위하여 다음과 같이 쓰자.

$$\Gamma(E) = \frac{1}{h^{3N}} \int_{H<E} d^3p_1 \cdots d^3p_N\ d^3q_1 \cdots d^3q_N \tag{6.54}$$

여기에서 h는 (운동량 × 거리)의 단위를 갖는 양이다. [엔트로피는 log를 취하므로 h^{3N}항은 부가적 상수이다.] (6.54)에서 $\int d^3q_1 \cdots d^3q_N = V^N$이므로

$$\Gamma(E) = \left(\frac{V}{h^3}\right)^N \int d^3p_1 \cdots d^3p_N \qquad (6.55)$$

여기에서 $p_i \ (i=1,2,\cdots,N)$는

$$H = \frac{1}{2m}\sum_{i=1}^{3N} p_i^{\ 2} = \mathrm{E}$$

즉

$$p_1^2 + p_2^{\ 2} + \cdots + p_{3N}^2 = 2\mathrm{m\ E} \equiv R^2$$

이라는 제약조건을 만족해야 한다. 따라서 다음 적분을 생각하자.

$$\Omega_n(R) = \int_{x_1^2+\cdots+x_n^2 < R^2} dx_1 dx_2 \cdots dx_n \qquad (6.56)$$

이 적분은 n-차원 구의 체적이다. 기호 Ω는 다중도와 무관하다. n-차원 구의 체적은

$$\Omega_n(R) = C_n R^n \ (C_n \text{은 상수}) \qquad (6.57)$$

으로 나타낼 수 있으므로 C_n을 찾으면 된다. 다음 적분을 고려하자.

$$\int_{-\infty}^{\infty} dx_1 \cdots \int_{-\infty}^{\infty} dx_n \ \exp\left[-(x_1^2 + x_2^2 + \cdots + x_n^2)\right] = \left(\int_{-\infty}^{\infty} dx\, e^{-x^2}\right)^n = \pi^{n/2} \qquad (6.58)$$

또한 (6.56)에서 $dx_1 dx_2 \cdots dx_n = d\Omega_n = S_n(R)\,dR$이다. 기호를 다시 한 번 설명하면, $d\Omega_n$은 n-차원 구의 체적소, $S_n(R)$은 반경 R인 n-차원 구의 표면적이다.

(6.58)의 좌변은 $= \int_0^{\infty} dR\, S_n(R)\, e^{-R^2}$

여기에 $S_n(R) = \frac{d\Omega_n}{dR}$, (6.57)를 사용하면

(6.58)의 좌변은 $= n \ C_n \int_0^\infty dR \ R^{n-1} e^{-R^2}$

위의 적분은 $R^2 = t$로 치환하여 계산할 수 있다.

(6.58)의 좌변은 $= \frac{n}{2} C_n \int_0^\infty dt \ t^{\frac{n}{2}-1} e^{-t} = \frac{n}{2} C_n \left(\frac{n}{2} - 1\right)!$

따라서 C_n 과 $\Omega_n(R)$은 다음 식으로 구해진다.

$$C_n = \frac{2}{n} \frac{\pi^{n/2}}{(\frac{n}{2} - 1)!} = \frac{\pi^{n/2}}{\left(\frac{n}{2}\right)!} \tag{6.59}$$

$$\Omega_n(R) = C_n (2mE)^{n/2} \tag{6.60}$$

이상의 결과를 (6.55)에 넣을 때, n → 3N로 바꾸어서 다음을 얻는다.

$$\Gamma = \frac{V^N}{h^{3N}} \frac{\pi^{3N/2}}{\left(\frac{3N}{2}\right)!} (2\, m\, E)^{3N/2} \tag{6.61}$$

이 식에 log를 취하여 엔트로피를 얻는다.

$$\mathrm{S} = \mathrm{N\ k\ ln\ \ V}\left[\left(\frac{4\pi m}{3h^2} \frac{E}{N}\right)^{3/2}\right] + \frac{3Nk}{2} \tag{6.62}$$

또는

$$\mathrm{S} = \mathrm{N\ k\ ln}\ \left[\frac{V}{N}\left(\frac{2\pi mkT}{h^2}\right)^{3/2}\right] + \frac{3Nk}{2} \tag{6.63}$$

(6.62) 또는 (6.63) 식이 Sackur-Tetrode 공식이다.

예제 위 두 식을 계산으로 확인하라.

해 $T=\dfrac{2E}{3NK}$를 사용.

미시표준앙상블 (MCE)에서의 다중도에 대한 식 (6.61)을 다음과 같이 다시 쓰자.

$$\Omega = V^N \quad U^{3N/2} \;\; \mathrm{G(N)} \tag{6.64}$$

여기에서 G(N)은 N에 관한 항들을 다 모은 함수이고, 내부에너지를 E 대신 U로 바꾸었다.
식 (6.64)의 log를 취하면

$$\mathrm{S(U,V) = N\,k\,\ln V + \frac{3}{2} N\,k \ln U + \ln G(N)} \tag{6.65}$$

(6.65)를 미분하면

$$\mathrm{dS} = \frac{3}{2} \;\; \mathrm{N\,k} \;\; \frac{dU}{U} + \mathrm{N\,k} \;\; \frac{dV}{V} \tag{6.66}$$

$$\mathrm{dS} = \left(\frac{\partial S}{\partial U}\right)_V \;\; \mathrm{dU} + \left(\frac{\partial S}{\partial V}\right)_U \;\; \mathrm{dV} \tag{6.67}$$

(6.66)에 이상기체식 $\mathrm{U} = \dfrac{3}{2}\mathrm{NkT}$, $\mathrm{pV = nkT}$를 쓰면 다음을 얻는다.

$$\mathrm{T \;\; dS = dU + p \;\; dV} \tag{6.68}$$

$$\mathrm{p} = \mathrm{T}\left(\frac{\partial S}{\partial V}\right)_U \tag{6.69}$$

즉 고전 열역학의 결과를 다시 얻었다

예제 (6.66), (6.67)에서 다음 관계식을 구하라.

$$T=\left(\frac{\partial U}{\partial S}\right)_V=\frac{2}{3}\frac{U}{Nk},\ C_V=\frac{3}{2}\ \mathrm{N\ k},\ \mathrm{p}=-\left(\frac{\partial U}{\partial V}\right)_S=\frac{2}{3}\frac{U}{V}=\frac{NkT}{V}$$

● 표준앙상블과 미시표준앙상블의 동등함.

위에서 논의한 Gibbs의 두 앙상블, 표준앙상블과 미시표준앙상블은 지금부터 설명하려는 Liouville 방정식의 정상해이다. 즉 정상상태(평형상태)에서 ($\partial/\partial t$ = 0)의 Liouville 방정식을 만족한다. Liouville 방정식은 7 장에서 자세히 다루지만, 앙상블에 대한 논의의 전개를 위하여 이 시점에서도 필요하므로 반복 설명이 필요하다.

앙상블을 나타내는 방법으로 분포함수(distribution function)를 사용할 수 있다. 분포함수는 앙상블의 개념에서 비롯되는 물리적 함수인데, N개의 입자로 구성된 계를 역학적으로 서술하려면 우선 입자 한 개에 대하여 위치 벡타와 운동량 벡타로 구성되는 6 차원 공간을 머리 속에 그려야 한다. (μ－공간). 입자수가 N개이므로 계 전체의 운동을 서술하기 위해서는 6N 차원으로 이루어지는 다중차원의 초공간을 (보통의 3차원 공간이 아닌) 상정하고 계 전체의 운동을 이 초공간에서 한 개의 좌표로 대표해서 나타낼 수 있다. 이 6N 차원의 초공간을 위상공간(phase space) 또는 Γ－공간이라 한다. 계 상태의 시간적 변화는 Γ－공간에서 점의 궤적을 그려 나가면 그 동태를 파악할 수 있다. 계의 열역학적 상태를 나타내는 물리량들은 Γ－공간에서 그 궤적의 어떤 시간 간격에 걸친 평균치로 구할 수 있다. (시간평균 ; time average). 그러나 점의 궤적은 6N 개의 운동방정식을 풀어야 알 수 있다. 6N 개의 운동방정식을 풀기는 불가능하다는 것이 자명하다. Gibbs가 생각한 것은 궤적의 시간평균을 구하려는 불가능한 시도를 포기하는 대신, 실제 계를 대신 해줄 수 있는 가상계(virtual system)를 다수 머리속에 도입하자는 것이다. 실제계를 반영해 줄 수 있는 여러 가상계의 집합을 앙상블이라고 한다. 앙상블에서 한 개 한 개의 멤버는 실제계의 복사판 이라고 볼수 있다. 즉 거시적 특성에서 실제계와 전적으로 부합하나 미시적 상태에서는 상이하다고 보는 것이다. 이러한 앙상블의 개념을 앞의 Boltzmann 통계에서 설명한바 있다. 계의 양자적 관점에서는 양자 한 개 한 개를 허락되는 에너지 준위에 놓을 수 있는 경우 하나하나가 앙상블 멤버가 되었다. 이 경우의 수가 다중도 이며, 실제계를 나타내줄 확률이다. 앙상블을 구성하는 멤버들은 하나하나가 실계의 거시적 특성과 부합하지만 세부구조에 있어서, 서로 다르다. 이 앙상블 구성원들의 모임을 $\Gamma-$공간에서 그려보면, 서로 불일치하는 수많은 점들의 집합으로 나타내 질수 있을 것이다. 즉 앙상블 밀도(ensemble density)라는 물리량을 $\Gamma-$공간에 도입한다. 이 앙상블은 $\Gamma-$공간에서 연속유체처럼 흘러간다고 가정할 수 있다. 앙상블 밀도 또는 Liouville의 분포함수를 도입하자.

$$F^{(N)} = F^{(N)}(\overrightarrow{r_1},\ \overrightarrow{r_2},\ \cdots,\ \overrightarrow{r_N},\ \overrightarrow{p_1},\ \overrightarrow{p_2},\ \cdots,\ \overrightarrow{p_N},\ \mathrm{t}) \tag{6.70}$$

($\vec{r}$: 위치 $\vec{p}$: 운동량)

이 분포함수가 시간적으로 어떤 동태를 나타내는지에 대한 지식이 없다면 물리량의 통계적 거동을 구해보려는 우리의 시도는 벽에 부딪친다. 다행히도 $F^{(N)}$의 거동은 다음 Liouville 방정식에 따른다는 것을 주장할 수 있다. Liouville 방정식은 $\Gamma-$공간에서 밀도의 보존원리를 나타내는 식으로서 다음과 같다.

$$\frac{\partial F^{(N)}}{\partial t} + \sum_{i=1}^{N} \left(\frac{\partial H}{\partial \overrightarrow{p_i}} \cdot \frac{\partial F^{(N)}}{\partial \overrightarrow{r_i}} - \frac{\partial F^{(N)}}{\partial \overrightarrow{p_i}} \cdot \frac{\partial H}{\partial \overrightarrow{r_i}}\right) = 0 \tag{6.71}$$

여기에서 H는 N 입자계의 Hamiltonian이다.
(6.71)의 해는 다음 특성곡선 방정식(characteristic equation)을 만족한다.

$$\frac{d\overrightarrow{r_i}}{dt} = \frac{\partial H}{\partial \overrightarrow{p_i}},\ \frac{d\overrightarrow{p_i}}{dt} = -\frac{\partial H}{\partial \overrightarrow{r_i}} \quad (i = 1, 2, \cdots, N) \tag{6.72}$$

(6.72)는 Hamilton의 운동방정식이며 (6.71)의 해는 (6.72)를 적분했을 때 얻어지는 운동상수들 만의 함수이다. Liouville 방정식의 해의 특성은 앙상블 밀도의 보존원리와 부합한다.

분포함수 $F^{(N)}$의 물리적 의미: $\Gamma-$공간에서의 체적소가 $d^3r_1 d^3r_2 \cdots d^3r_N$ $d^3p_1 d^3p_2 \cdots d^3p_N = d\tau$라 하면, $F^{(N)}d\tau$는 시간 t에서 N개 입자 각각이 그 해당 좌표에 있을 확률이다. 즉 입자 1이 $(\overrightarrow{r_1},\ \overrightarrow{p_1})$, 입자 2가 $(\overrightarrow{r_2},\ \overrightarrow{p_2})$, $\cdots$, 입자

N 이 $(\overrightarrow{r_N}, \overrightarrow{p_N})$에, 해당 좌표를 중심으로 하는 작은 체적소 $d\tau$ 속에 있을 확률이다. $F^{(N)}$의 독립변수는 (6N+1)개이며, N은 입자수이므로 $F^{(N)}$이라는 함수는 뇌의 상상 속에서만 존재의미가 있을 뿐 계산적 기능과는 결부될 수 없는 물리량이다. 열역학은 평형상태를 다루기 때문에 $\partial/\partial t = 0$ 일때의 Liouville 방정식, 즉 다음 식을 생각하자.

$$\sum_{i=1}^{N} \left(\frac{\partial H}{\partial \overrightarrow{p_i}} \cdot \frac{\partial F^{(N)}}{\partial \overrightarrow{r_i}} - \frac{\partial F^{(N)}}{\partial \overrightarrow{p_i}} \cdot \frac{\partial H}{\partial \overrightarrow{r_i}}\right) = 0$$

분명히 이 식은 $F^{(N)}$ 이 Hamiltonian H의 임의의 함수 D(H)에 의하여 만족됨을 볼 수 있다. 이때 이 식의 좌변은

$$\frac{\partial D}{\partial H} \sum_{i=1}^{N} \left(\frac{\partial H}{\partial \overrightarrow{p_i}} \cdot \frac{d\overrightarrow{p_i}}{dt} + \frac{d\overrightarrow{r_i}}{dt} \cdot \frac{\partial H}{\partial \overrightarrow{r_i}}\right)$$

가 되는데 (6.72)에 의하여 0이다. 평형상태의 앙상블은 Hamiltonian H 만의 함수로 나타낼 수 있음을 기억하고 표준앙상블과 미시표준앙상블의 동등함을 증명하자.

어떤 기체의 Γ - 공간에서의 밀도가 미시표준앙상블(MCE)로 주어진다고 하자. 기체 분자는 각각의 μ - 공간, μ_1, μ_2, $\cdots$, μ_N (N: 분자수)을 점유하고 있고, 대응하는 μ - 공간에서의 확률밀도를 P_i 라고 하자. 분자 간에 에너지 교환이 있으므로 P_i를 MCE 로 나타낼 수는 없다. P_i는 가능한 모든 값을 취할 수 있다 (6.47 식과 같이 제한되지 않는다.) P_i는 μ - 공간의 Hamiltonian H_i의 임의의 함수이다. 분자 1 이 그것의 μ - 공간에서 H_1를 중심으로 한 작은 체적 $d\phi_1$에 있을 확률은 $P_1(H_1)d\phi_1$, 분자 2가 그것의 μ - 공간에서 H_2를 중심으로 한 작은 체적 $d\phi_2$에 있을 확률은 $P_2(H_2)d\phi_2, \cdots$, 등으로 쓸 수 있다. 이 확률들을 곱하면 기체가 Γ - 공간에서 총합 Hamiltonian H = H_1+ $H_2\cdots$을 갖고 체적 $d\phi$ = $d\phi_1 d\phi_2 \cdots$에 있을 확률과 같다. 즉

$$P_1(H_1)d\phi_1 P_2(H_2)d\phi_2 \cdots = P(H)\,d\phi$$

따라서

$$P_1(H_1)\ P_2(H_2)\cdots P_N(H_N) = P(H_1 + H_2 + \cdots + H_N)$$

우변 P(H)는 MCE 분포에 따른다. 임의의 H 값에 대하여 위 식이 성립하도록 P(H)를 결정할 수 있기를 바란다. N의 임의의 값에 대하여 위 식이 성립하므로 N=2 인 기체를 생각하자.

$$P_1(H_1)P_2(H_2) = P\ (H_1 + H_2)$$

따라서 $P_i(0)=1$; 모든 i에 대해서 (우변이 MCE이기 때문에). log $P_i = f_i$라고 놓으면

$$f_1(H_1) + f_2(H_2) = f\ (H_1 + H_2)$$

위 식에서 $H_2 = 0$으로 놓으면

$$f_1(H_1) + f_2(0) = f(H_1)$$

$f_2(0)=0$이므로 $f_1 = f$이다. 따라서 모든 i에 대하여 $f_i = f$, 즉 똑같은 함수이다. 따라서 다음 식을 만족하는 f를 찾자. $\mathrm{f}(\mathrm{x})+\mathrm{f}(\mathrm{y})=\mathrm{f}(\mathrm{x}+\mathrm{y})$. $\mathrm{f}(\mathrm{x})$가 x의 일차함수일 때 이 등식을 만족한다. 따라서 $\mathrm{f}(\mathrm{x})=\mathrm{c}\,\mathrm{x}$. 따라서 log $P_i = f_i = cH_i$이므로

$$P_i\ (H_i) = e^{cH_i}$$

H_i는 $+\infty$로 갈 수 있는 양이고 P_i가 ∞일 수 없으므로 c는 음수라야 한다. (6.46)에 비추어 다음과 같이 쓸 수 있다.

$$P_i(H_i) = \mathrm{C}\ e^{-\frac{H_i}{kT}} \tag{6.73}$$

위 식으로 주어지는 표준앙상블로부터도 미시표준앙상블로부터 유도한 것과 똑 같은 열역학 관계식을 끌어낼 수 있다. C는 규격화 조건으로부터 결정 될 수 있는 상수이며 (kT)의 함수이다.

미시표준앙상블의 응용 예로서, 이상기체의 Maxwell 속도분포를 유도하겠다.

(6.73)에 따라 확률은

$$\begin{aligned} \mathrm{P}d\phi &= \mathrm{C}\ e^{-H/kT}\ \mathrm{d}p_1\mathrm{d}p_2\cdots\mathrm{d}p_n\mathrm{d}r_1\mathrm{d}r_2\cdots\mathrm{d}r_n \\ &= \mathrm{C}\ e^{-H/kT}\prod_{i=1}^{N}\ \mathrm{d}p_{ix}\mathrm{d}p_{iy}\mathrm{d}p_{iz}\mathrm{d}x_i\mathrm{d}y_i\mathrm{d}z_i \end{aligned} \tag{6.74}$$

$$\mathrm{H} = \sum_{i=1}^{N} H_i,\ \ H_i = \frac{1}{2m}(p_{ix}^2 + p_{iy}^2 + p_{iz}^2)$$

분자 i가 p_{ix}, p_{iy}, p_{iz}, x_i, y_i, z_i에서 에너지 H_i를 가질 확률은 (6.74)를 i만 빼고 나머지 모든 좌표에 대하여 적분함으로써 얻는다.

$$P_i\ \mathrm{d}\phi_i = C'\ e^{-\frac{H_i}{kT}}\ \mathrm{d}\phi_i,\ (\mathrm{d}\phi_i = \mathrm{d}p_{ix}\mathrm{d}p_{iy}\mathrm{d}p_{iz}\mathrm{d}x_i\mathrm{d}y_i\mathrm{d}z_i)$$

위에서 i가 어떤 값이라도 성립하므로 굳이 첨자 i를 붙이지 않아도 좋다. C'은 1-입자 공간 (μ-공간)에 대한 적분이 1이 되도록 규격화하면 결정되는 상수이다.

$$\begin{aligned} 1/C' &= \int\int\int\int\int\int dp_xdp_ydp_zdxdydz\ \exp\ [-(p_x^2 + p_y^2 + p_z^2)/2\mathrm{mkT}] \\ &= \mathrm{V}\int\int\int dp_xdp_ydp_z\ \exp\ [-(p_x^2 + p_y^2 + p_z^2)/2\mathrm{mkT}] \\ &= \mathrm{V}\pi^{3/2}(2\mathrm{mkT})^{3/2} \end{aligned}$$

따라서 확률은 다음과 같이 쓸 수 있다.

$$\mathrm{P}(v_x,v_y,v_z) = \left(\frac{m}{2\pi kT}\right)^{3/2}\ \exp\ [-m(p_x^2 + p_y^2 + p_z^2)/2\mathrm{kT}] \tag{6.75}$$

이 식이 속도의 Maxwell 분포이다.

예제 **Hamiltonian의 1−입자 공간 (μ − 공간)의 평균치가 $\frac{3}{2}kT$가 됨을 보여라. 이것이 이상기체의 내부에너지이다.**

Gibbs의 표준앙상블 (6.73)은 Boltzmann 분포이다. 열역학의 거시적 양은 이 확률밀도로써 앙상블 평균(ensemble average)을 취함으로써 얻을 수 있다. 어떤 양 A의 평균은

$$\overline{A} = \frac{\int A(p,q)P(p,q)d\phi}{\int P(p,q)d\phi} \tag{6.76}$$

$d\phi$는 일반화 좌표 p, q로 나타낸 위상공간의 작은 체적소이다. 분자의 에너지 분포가 불연속적인 양자상태 (quantum state)의 기체에서 Boltzmann 분포는

$$P(E_s) = \frac{\exp(-E_s/kT)}{Z} \tag{6.77}$$

여기에서

$$Z(kT) = \sum_s \exp(-E_s/kT) \tag{6.78}$$

는 구분함수(partition function)이다. $\sum_s P(E_s) = Z/Z = 1$이다. 에너지 준위가 불연속적인 양자상태에서는 Z가 유용하다. 기체의 내부에너지 U는

$$\mathrm{U} = \frac{1}{Z}\sum_s E_s \exp(-E_s/kT) = kT^2\frac{\partial \ln Z}{\partial T} \quad (cf\ 30) \tag{6.79}$$

Helmholtz 함수 F는

$\mathrm{F} = \mathrm{U} - \mathrm{TS}$, $\mathrm{S} = \left(\frac{\partial F}{\partial T}\right)_V$ 이므로

$$\mathrm{U} = -T^2\frac{\partial}{\partial T}\left(\frac{F}{T}\right)$$

이 식을 (6.79)과 같이 놓으면

$$\frac{\partial}{\partial T}\left(\frac{F}{T}\right)=\mathrm{k}\frac{\partial \ln Z}{\partial T},\ F=-\mathrm{kT}\ln \mathrm{Z},\ \mathrm{Z}-=e^{-\beta F} \tag{6.80}$$

위 식은 이미 (6.40), (6.41)에서 얻었다.

식 (6.73)의 규격 상수 C는 자유에너지 F로써 나타낼 수 있다.

$\mathrm{C}\ =e^{\frac{\Psi}{kT}}$되는 Ψ를 도입할 수 있으므로 앙상블 분포확률은

$$\mathrm{P(H)}=e^{\frac{\Psi-H}{kT}} \tag{6.81}$$

여기에서 P(H)는 다음 적분을 만족해야 한다.

$$\int p(H)d\phi=\int e^{(\Psi-H)/kT}d\phi=1 \tag{6.82}$$

(6.81)의 log를 취하면

$$\ln\ \mathrm{P}\ =\frac{\Psi-H}{kT},\ \Psi\ =\ \mathrm{kT}\ \ln\ \mathrm{P}\ +\ \mathrm{H} \tag{6.83}$$

어떤 양의 평균치를 다음과 같이 정의하며, 평균치가 열역학 변수에 대응한다.

$$\overline{A}\ =\int \mathrm{A\ P(H)\ d}\phi$$

(6.83)의 평균을 취하여

$$\Psi\ =\mathrm{kT}\ \overline{\ln P}\ +\ \overline{H} \tag{6.84}$$

$$\text{엔트로피 S}\ =-\mathrm{k}\ \overline{\ln P} \tag{6.85}$$

$$\text{내부 에너지 U}\ =\overline{H} \tag{6.86}$$

(6.84)는 $\Psi = U - TS = F$이다. 따라서 앙상블 분포함수 (6.81)은 F를 도입하여 다음과 같이 쓸 수 있다.

$$P(H) = e^{\frac{F-H}{kT}} \tag{6.87}$$

(6.85)은 $S = -k\int P \ln P \, d\phi$이며 (6.22) 식에 대응한다.

제7장 분자운동론(kinetic theory)의 엔트로피

분자운동론에서는 어떤 계의 상태를 서술하는 방법으로 분포함수(distribution function)를 사용한다. 분포함수는 앙상블의 개념에서 비롯되는 물리적 함수인데, Gibbs의 앙상블에 대하여 설명한 바 있다.* N개의 입자로 구성된 계를 역학적으로 서술하려면 우선 입자 한 개에 대하여 위치 벡타와 운동량 벡타로 구성되는 6차원 공간을 머리속에 그려야 한다($\mu-$공간).

입자수가 N개이므로 계 전체의 운동을 서술하기 위해서는 6N 차원으로 이루어지는 다중차원의 초공간을 (보통의 3차원 공간이 아닌) 상정하고 계 전체의 운동을 이 초공간에서 한 개의 좌표로 대표해서 나타낼 수 있다. 이 6N 차원의 초공간을 위상공간(phase space) 또는 $\Gamma-$공간이라 한다. 계의 상태의 시간적 변화는 $\Gamma-$공간에서 점의 궤적을 그려 나가면 그 동태를 파악할 수 있다. 계의 열역학적 상태를 나타내는 물리량들은 $\Gamma-$공간에서 그 궤적의 어떤 시간간격에 걸친 평균치로 구할 수 있다. (시간평균; time average). 그러나 점의 궤적은 6N 개의 운동방정식을 풀어야 알 수 있다. 6N 개의 운동방정식을 풀기는 불가능하다는 것이 자명하다. Gibbs가 생각한 것은 궤적의 시간평균을 구하려는 불가능한 시도를 포기하는 대신, 실제 계를 대신해 줄 수 있는 가상계(virtual system)를 다수 머리 속에 도입하자는 것이다. 실제계를 반영해 줄 수 있는 여러 가상계의 집합을 앙상블이라고 한다. 앙상블에서 한 개 한 개의 멤버는 실제계의 복사판이라고 볼 수 있다. 즉 거시적 특성에서 실제계와 전적으로 부합하나 미시적 상태에서는 상이하다고 보는 것이다. 이러한 앙상블의 개념을 앞의 Boltzmann 통계에서 설명한 바 있다. 계의 양자적 관점에서는 양자 한 개 한 개를 허락되는 에너지 순위에 놓을 수 있는 경우 하나하나가 앙상블 멤버가 되었다. 이 경우의 수가 다중도이며, 실제계를 나타내줄 확률이다. 앙상블을 구성하는 멤버들은 하나 하나가 실계의 거시적 특성과 부합하

---

* Gibbs 앙상블이론이나 이 장에서 다루는 분자운동론이나 Liouville 방정식(아래 7.2식)을 기초로 한다. Liouville 방정식은 6장 후반부에서 그 도입과정을 이미 설명하였으나, 그 개념의 중요성에 비추어 여기에서 한쪽 남짓 반복 서술하므로 참고하기 바란다.

지만 세부구조에 있어서, 서로 다르다. 이 앙상블 구성원들의 모임을 $\Gamma-$공간에서 그려보면, 서로 불일치 하는 수많은 점들의 집합으로 나타내질 수 있을 것이다. 즉 앙상블 밀도(ensemble density)라는 물리량을 $\Gamma-$공간에 도입할 수 있다. 이 앙상블은 $\Gamma-$공간에서 연속유체처럼 흘러간다고 가정할 수 있다.

앙상블 밀도 또는 Liouville의 분포함수를 도입하자.

$$F^{(N)} = F^{(N)}(\overrightarrow{r_1},\ \overrightarrow{r_2},\ \cdots,\ \overrightarrow{r_N},\ \overrightarrow{p_1},\ \overrightarrow{p_2},\ \cdots,\ \overrightarrow{p_N},\ \mathrm{t}) \tag{7.1}$$

($\vec{r}$: 위치 $\vec{p}$: 운동량)

이 분포함수가 시간적으로 어떤 동태를 나타내는지에 대한 지식이 없다면 물리량의 통계적 거동을 구해보려는 우리의 시도는 벽에 부딪친다. 다행히도 $F^{(N)}$의 거동은 다음 Liouville 방정식에 따른다는 것을 주장할 수 있다. Liouville 방정식은 $\Gamma-$공간에서 밀도의 보존원리를 나타낸다.

$$\frac{\partial F^{(N)}}{\partial t} + \sum_{i=1}^{N} \left(\frac{\partial H}{\partial \overrightarrow{p_i}} \cdot \frac{\partial F^{(N)}}{\partial \overrightarrow{r_i}} - \frac{\partial F^{(N)}}{\partial \overrightarrow{p_i}} \cdot \frac{\partial H}{\partial \overrightarrow{r_i}} \right) = 0 \tag{7.2}$$

여기에서 H는 N 입자계의 Hamiltonian이다.

(7.2)의 해는 다음 특성곡성 방정식(characteristic equation)을 만족한다.

$$\frac{d\overrightarrow{r_i}}{dt} = \frac{\partial H}{\partial \overrightarrow{p_i}},\ \frac{d\overrightarrow{p_i}}{dt} = -\frac{\partial H}{\partial \overrightarrow{r_i}} \quad (i = 1, 2, \cdots, N) \tag{7.3}$$

(7.3)는 Hamilton의 운동방정식이며 (7.2)의 해는 (7.3)을 적분했을 때 얻어지는 운동상수들 만의 함수이다. Liouville 방정식의 해의 특성은 앙상블 밀도의 보존원리와 부합한다.

평형상태에서는 앞에서 본 것처럼 상태변수를 계산해 줄수 있는 앙상블을 고안함으로써 열역학과 통계역학 사이의 다리가 놓아진다. 분자운동론에서는 (7.2)과 (7.3)로 구성된 방정식을 사용한다. (평형상태가 아니더라도).

분포함수 $F^{(N)}$의 물리적 의미: Γ-공간에서의 체적소 $d^3r_1 d^3r_2 \cdots d^3r_N$ $d^3p_1 d^3p_2 \cdots d^3p_N = d\tau$ 라 하면, $F^{(N)}d\tau$는 시간 t에서 N개 입자 각각이 그 해

당 좌표에 있을 확률이다. 즉 입자 1이 $(\overrightarrow{r_1}, \overrightarrow{p_1})$, 입자 2가 $(\overrightarrow{r_2}, \overrightarrow{p_2})$, ⋯, 입자 N이 $(\overrightarrow{r_N}, \overrightarrow{p_N})$에 해당 좌표를 중심으로 하는 작은 체적소 $d\tau$ 속에 있을 확률이다. $F^{(N)}$의 독립변수는 (6N+1)개이며, N은 입자수이므로 $F^{(N)}$이라는 함수는 뇌의 상상 속에서만 존재의 의미가 있을 뿐 계산적 기능과는 결부될 수 없는 물리량이다. 따라서 1-입자 분포함수(1-particle distribution function) $(F^{(1)})$라는 비교적 단순화된 함수로 $F^{(N)}$을 축차적으로 단순화하는 과정이 고안되었다.

1-입자 분포함수 $F^{(1)}(\vec{r},\vec{v},t)$는 시간 t에서 입자 1을 좌표 $(\overrightarrow{r_1}, \overrightarrow{v_1})$에서 발견할 확률이다. 이때 여타의 입자 2, 3, ⋯, N이 어디에 있는지는 상관없다. 즉, 다음 적분으로 표현된다.

$$F^{(1)}(\overrightarrow{r_1},\overrightarrow{p_1},t)=\int F^{(N)}(\overrightarrow{r_1}, \overrightarrow{r_2}, \cdots, \overrightarrow{r_N}, \overrightarrow{p_1}, \overrightarrow{p_2}, \cdots, \overrightarrow{p_N}, t)\ d^3r_2d^3p_2\cdots d^3r_Nd^3p_N \quad (7.4)$$

마찬가지로

$$F^{(1)}(\overrightarrow{r_2},\overrightarrow{p_2},t)=\int F^{(N)}(\overrightarrow{r_1}, \overrightarrow{r_2}, \cdots, \overrightarrow{r_N}, \overrightarrow{p_1}, \overrightarrow{p_2}, \cdots, \overrightarrow{p_N}, t)\ d^3r_1d^3p_1\cdots d^3r_Nd^3p_N \quad (7.5)$$

로 정의되는 $F^{(1)}(\overrightarrow{r_2}, \overrightarrow{p_2}, t)$는 입자 2를 좌표 $(\overrightarrow{r_2}, \overrightarrow{p_2})$에서 발견할 확률인데 여타의 입자가 어디에 있는지는 상관없다. 입자들은 구별할 수 없다고 보면 위의 두 확률밀도는 동일하다. 따라서 첨자 1이나 2는 떼어 버릴 수 있고 $F(\vec{r}, \vec{v}, t)$는 $(\vec{r}, \vec{v})$에서 시간 t에 입자를 발견할 확률밀도이며, 1-입자 분포함수라고 부른다. 1-입자 분포함수는 6차원 공간에서의 확률밀도이다.

1-입자 분포함수 $F^{(1)}(\vec{r}, \vec{v}, t)$에 관한 식을 도출하는 방법은 Liouville 방정식 (7.2)를 입자 1의 변수만 제외하고 여타의 모든입자 (2, 3, ⋯, N)의 변수들에 대하여 적분하는 것이다.

Hamiltonian에 들어 있는 상호작용항 때문에 $F^{(1)}$에 대한 식에는 $F^{(2)}$가 들어가고 $F^{(2)}$에 대한 식에는 $F^{(3)}$가 들어가서 이 연결고리는 절대로 끊어지지 않는다. 1-입자 분포함수 $F^{(1)}(\vec{r}, \vec{v}, t)$에 관한 운동론 방정식(kinetic equation)은 다음 형태를 취한다.

$$\frac{\partial}{\partial t}f^{(1)}(\vec{r},\vec{v},t) + \vec{v}\cdot\frac{\partial f^{(1)}}{\partial\vec{r}} + \vec{a}_{ext}\cdot\frac{\partial f^{(1)}}{\partial\vec{v}} = I(f^{(1)}, f^{(2)}) \quad (7.6)$$

여기에서 $\vec{a}_{ext}$는 외력에 의한 가속도이고 $I(f^{(1)},f^{(2)})$는 Hamiltonian에서 상호작용항 때문에 $f^{(2)}$가 남아 있음을 나타낸다. 즉 충돌항 I는 근사를 쓰지 않고는 $f^{(1)}$만으로 나타낼 수 없다. 분자운동론의 중요한 과제는 I를 $f^{(1)}$만의 함수로 표시할 수 있는 타당한 근사식을 발명하는 것이다. 즉 어떤 근사에 의하여 Liouville 방정식에서 축차적으로 연결되어 있는 고리를 끊을 수 있는가 하는 것이다. Boltzmann은 입자간의 2체 충돌을 사용하여 그의 유명한 충돌항 $I(f^{(1)})$을 고안하였다.

(6.3) 식은 Boltzmann의 H-정리의 출발 식인데, 분포함수 f로써 표시한 엔트로피이다. 이 식은 양자적 개념에서 유도된 엔트로피에 대한 고전적 대응식임을 지적하고저 한다. (6.6) 식의 log를 취하고 Sterling의 공식을 사용하면

$$\ln\Omega = -\sum_q \eta_q \ln\eta_q + const. \quad (7.7)$$

불연속적으로 분포되어 있는 에너지 준위가 연속적으로 분포되어 있다고 보는 고전적 그림을 채택하면 (7.7)에 대응해서 다음과 같은 식을 쓸 수 있다.

$$\ln\Omega = -\int f(\vec{r},\vec{v}) \ln f\, d^3r\, d^3v \quad (7.8)$$

(7.8)로 주어지는 $\ln\Omega$를 최대화함으로써, 이에 대응하는 최대 확률의 분포함수 f를 구할 수 있으며, 이때 f는 Maxwell-Boltzmann 분포를 한다. 이 분포의 다중도가 최대이다. 최대의 다중도를 갖는 분포에서는 확률 분포가 등확율화(randomized)되었다고 말할 수 있다. 그것은 다중도에 기여하는 개개의 분포가 나타날 확률이 똑같기 때문이다.

● Boltzmann 방정식

$$\frac{\partial}{\partial t}f(\vec{r},\vec{v},t) + \vec{v}\cdot\frac{\partial f}{\partial\vec{r}} + \vec{a}\cdot\frac{\partial f}{\partial\vec{v}} = \left(\frac{\delta f}{\delta t}\right)_c \quad (7.9)$$

$$\left(\frac{\delta f}{\delta t}\right)_c = \int d^3v_1 \int b\,db \int d\phi\ \left|\vec{v}-\vec{v_1}\right|\ \left(f(\vec{r},\vec{v}',t)f(\vec{r},\vec{v_1}',t)-f(\vec{r},\vec{v},t)f(\vec{r},\vec{v_1},t)\right) \quad (7.10)$$

(7.9) 식을 Boltzmann 방정식이라 부르고 (7.10) 식으로 주어지는 $\left(\frac{\delta f}{\delta t}\right)_c$ 를 Boltzmann의 충돌항이라고 하며, 그의 획기적인 업적이다. 이 충돌항의 유도는 뒤에서 다루었다. 위 식을 읽어 보기로 하자. (7.9)의 좌변은 특성곡선 (입자의 궤적)을 따른 분포함수 $f(\vec{r},\vec{v},t)$의 변화율이며, 입자 간의 충돌이 없다면 f는 특성곡선을 따라가면서 일정하다. 이것은 편미분 방정식의 이론의 소산이다. 그러나 우변에 나타낸 입자 간의 충돌이 있으면 f의 변화율은 (7.10)에 따라 주어진다. 충돌항이 없을 때, (7.9) 식을 플라스마 물리학에서는 Vlasov 방정식이라고 한다. 충돌항을 살펴보면, 이것은 역학적으로 두 입자 간의 즉 $\vec{v}-$ 입자와 $\vec{v_1}-$ 입자 간의 충돌에 기인하는 f의 변화율을 계산한 것이다. 이 식에서 $'$(prime)은 충돌 후의 속도이고, no prime은 충돌 전의 속도이다. 따라서 4개의 입자속도가 개재되어 있다. 이 4개의 속도 사이에는 충돌 전후의 운동량과 운동 에너지가 보존된다는 보존식이 성립한다(탄성충돌). 속도 $\vec{v}-$ 입자와 속도 $\vec{v_1}-$ 입자가 충돌하면 속도가 각각 $\vec{v}'$과 $\vec{v_1}'$으로 변한다. 충돌 전후의 속도 벡타의 방향 변화는 산란각 θ(scattering angle)로 나타내는데 θ는 $\left|\vec{v}-\vec{v_1}\right|$과 충돌 파라메타(impact parameter) b의 함수이다. 즉 $\theta=\theta(\left|\vec{v}-\vec{v_1}\right|, b)$라고 쓸 수 있다. 충돌 공간을 구좌표로 나타냈을 때, θ는 polar angle로 해주고, ϕ는 azimuthal angle(방위각)에 해당한다. 그림 (7.1)

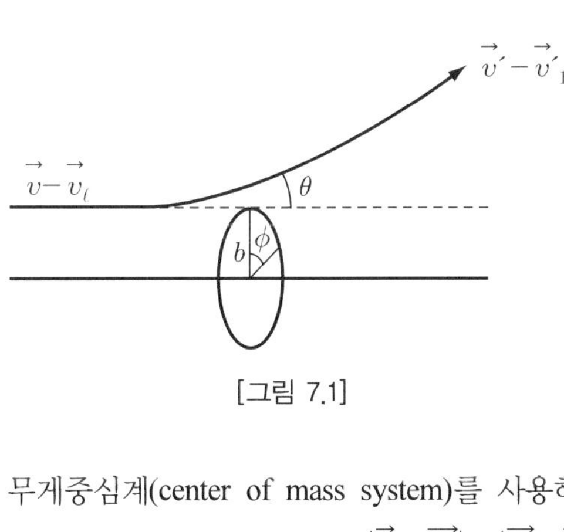

[그림 7.1]

충돌역학에서는 무게중심계(center of mass system)를 사용하는데, 이때 충돌 전후 상대속도의 크기에는 변화가 없다. 즉 $\left|\vec{v}-\vec{v_1}\right| = \left|\vec{v}'-\vec{v_1}'\right|$이다. 충돌 전

의 상대속도가 구좌표 공간에서 z-축을 향하고, 충돌후의 상대속도는 같은 절대치를 갖고 산란각 θ만큼 휘어 나간다. 방위각에 따르는 대칭성이 있으며 ($\phi-$symmetry, ϕ가 다른 곳에서도 모두 똑 같다) $\phi-$적분이 필요하다. θ가 위 적분에는 나타나 있지 않지만 충돌 후의 상대속도가 θ에 유관한 것은 자명하고, 실상 θ는 prime 붙은 양 속에 숨어 있다. 이상의 설명을 더 확실히 이해하기 위해서는 실제로 충돌역학을 풀어 보는 것이 바람직하다(참고문헌: Huang).

그러면, 위 Boltzmann 방정식으로 부터 유추할 수 있는 열역학적 사항은 무엇인가?

평형상태에서 Boltzmann 분포를 얻을 수 있고, 엔트로피 증가의 법칙도 얻을 수 있다(H-정리). 기체의 평형 상태를 생각하자. 이때 외력은 0이며, f는 시간이나 공간적으로 균일하므로 $f(\vec{r},\vec{v},t)$는 단순히 $f(\vec{v})$가 된다. 이때 충돌항은 다음 식을 만족한다.

$$0=\int d^3v_2\int b\,db\int d\phi\ \left|\overrightarrow{v_2}-\overrightarrow{v_1}\right|\ \left(f(\overrightarrow{v_2}')f(\overrightarrow{v_1}')-f(\overrightarrow{v_2})f(\overrightarrow{v_1})\right) \tag{7.11}$$

위 식을 만족하는 필요 충분조건은

$$f(\overrightarrow{v_2}')f(\overrightarrow{v_1}')\ =f(\overrightarrow{v_2})f(\overrightarrow{v_1}) \tag{7.12}$$

따라서 log를 취한 식,

$$\log\ f(\overrightarrow{v_2}')+\log\ f(\overrightarrow{v_1}')=\log\ f(\overrightarrow{v_2})+\log\ f(\overrightarrow{v_1}) \tag{7.13}$$

도 충돌 적분을 0으로 하는 필요 충분조건이다. (7.13) 식과 같이 충돌 전후에 두 개의 양의 합이 같을 때 이러한 양을 합의불변량(summation invariant)이라고 한다. 탄성충돌에서 운동량과 운동에너지가 그 예다.

$$m_1\overrightarrow{v_1}\ +\ m_2\overrightarrow{v_2}\ =m_1\overrightarrow{v_1}'\ +\ m_2\overrightarrow{v_2}' \tag{7.14}$$

$$m_1v_1^2\ +\ m_2v_2^2\ =m_1{v_1}'^2\ +\ m_2{v_2}'^2 \tag{7.15}$$

(7.13) 식은 $f(\vec{v})$에 대하여 우리가 만족시키기를 원하는 식이다. log $f(\vec{v})$를 다른 알고 있는 합불변량의 일차 결합으로 나타내면 충돌 적분 (7.11)을 만족할 것이다. 따라서 다음과 같이 놓자.

$$\log\ f(\vec{v}) = \mathrm{m}a_1 + \vec{a_2} \cdot \mathrm{m}\vec{v} - a_3\mathrm{m}\frac{v^2}{2} \tag{7.16}$$

여기에서 a_1, $\vec{a_2}$, a_3는 임의의 상수이나 다음에서 보듯이 열역학의 양으로 나타낼 수 있다.

(7.16) 식의 우변을 제곱 꼴로 써 주면

$$\log\ f(\vec{v}) = \mathrm{m}\left[a_1 + \frac{a_2^2}{2a_3}\right] - \frac{m}{2}a_3\left(\vec{v} - \frac{\vec{a_2}}{a_3}\right)^2$$

간단한 변환 후에, 위 식은 다음 형태로 놓을 수 있다

$$f(\vec{v}) = \mathrm{N}\left(\frac{m}{2\pi T}\right)^{\frac{3}{2}}\ \exp\ -\frac{m(\vec{v} - \vec{V})^2}{2T} \tag{7.17}$$

여기에서 N, $\vec{V}$, T는 a_1, $\vec{a_2}$, a_3와 관련되어 있는 임의의 상수로서 다음 식으로 주어진다.

$$\mathrm{N} = \int fd^3v, \vec{V} = \frac{1}{N}\int \vec{v}fd^3v,\ \ \frac{3}{2}T = \frac{1}{N}\int \frac{m}{2}v^2fd^3v - \frac{m}{2}V^2 \tag{7.18}$$

위에서 N은 기체분자의 총 개수, $\vec{V}$는 기체 전체의 속도, T는 계의 온도이다. (7.17)은 이동하는 Maxwell-Boltzmann 분포함수이다(moving Maxwellian). 만약 기체가 편향성 없이 개개의 분자가 열운동만 한다면
$\vec{V} = 0$이므로

$$f(\vec{v}) = \mathrm{N}\left(\frac{m}{2\pi T}\right)^{\frac{3}{2}}\ \exp\ -\frac{mv^2}{2T} \tag{7.19}$$

(위에서 T는 Boltzmann 상수 × T = kT로 읽어야 한다.)

평형상태에 있는 기체 분자들은 Maxwell-Boltzmann 분포를 취하고, 비평형 상태에 있을 때에는 시간이 경과함에 따라 Maxwell-Boltzmann 분포에 접근한다. 이것을 이완(relaxation)이라고 한다.

● Boltzmann의 H-정리(H-theorem)

외력이 없고 공간적으로 균일한 경우에 Boltzmann 방정식은 다음 형태를 취한다.

$$\frac{\partial f}{\partial t}=\int d^3v_1\int b\,db\int d\phi\,|\vec{v}-\vec{v_1}|\,[f(\vec{v}',t)f(\vec{v_1}',t)-f(\vec{v},t)f(\vec{v_1},t)] \quad (7.20)$$

Boltzmann은 그의 유명한 H를 다음과 같이 정의하였다.

$$\mathrm{H}(t)=\int d^3v f(\vec{v},t)\ \log\ f(\vec{v},t) \quad (7.21)$$

(7.8) 식에 비추어 볼 때 H는 $-\ln\Omega$ 이므로 $-\mathrm{S}(\mathrm{t})$에 비례하는 양이다.
(7.21)을 미분하면

$$\frac{dH}{dt}=\int d^3v\,\frac{\partial f}{\partial t}\ [1+\log f(\vec{v},t)] \quad (7.22)$$

따라서 $\frac{\partial f}{\partial t}=0$는 $\frac{dH}{dt}=0$를 내포한다. $\frac{\partial f}{\partial t}=0$는 (7.20)의 우변이 0일 때, 또 그 때에 한해서 성립한다. 즉 f가 Boltzmann 분포하는 평형상태일 때 $\frac{dH}{dt}=0=\frac{dS}{dt}$이다. 이때 엔트로피는 더 이상 증가하지 않는다.

Boltzmann의 H-정리는 엔트로피 증가의 법칙이다. 서술하면: 만약 f가 Boltzmann 방정식 (7.20)을 만족하면 $\frac{dH(t)}{dt}\leq 0$이다.

증명 (7.20)을 (7.22)에 대입하여 다음 식을 얻는다.

$$\frac{dH}{dt}=\int d^3v_1\int d^3v_2\int b\,db\int d\phi\ |\vec{v_1}-\vec{v_2}|\ (f_2'f_1'-f_2f_1)(1+\log f_1) \quad (7.23)$$

위 식에서 $\vec{v_1}$과 $\vec{v_2}$를 치환하더라도 우변 적분은 불변이다. 이것은 $\int b\,db \int d\phi$ 가 치환에 무관하기 때문이다. 즉

$$\frac{dH}{dt}=\int d^3v_1\int d^3v_2\int b\,db\int d\phi\ |\vec{v_1}-\vec{v_2}|(f_2'f_1'-f_2f_1)(1+\log f_2) \qquad (7.24)$$

(7.23)과 (7.24)를 합해서 반으로 나누면

$$\frac{dH}{dt}=\frac{1}{2}\int d^3v_1\int d^3v_2\int b\,db\int d\phi\ |\vec{v_1}-\vec{v_2}|(f_2'f_1'-f_2f_1)(2+\log(f_1f_2)) \qquad (7.25)$$

(7.25)의 적분은 $\vec{v_1}\leftrightarrow\vec{v_1}'$, $\vec{v_2}\leftrightarrow\vec{v_2}'$ 으로 치환해도 불변이다. 왜냐하면 충돌변환 $(\vec{v_1},\ \vec{v_2})\rightarrow(\vec{v_1}',\ \vec{v_2}')$의 역변환이 $(\vec{v_1}',\ \vec{v_2}')\rightarrow(\vec{v_1},\ \vec{v_2})$인데, 이때 충돌단면적 $\int b\,db\int d\phi$가 달라지지 않기 때문이다. 더 나아가서 $d^3v_1'd^3v_2'=d^3v_1d^3v_2$ (Jacobian = 1), 충돌 전과 후의 상대속도의 절대치는 불변이므로 (7.25)에서 prime과 no prime을 상호치환해도 좋다.

$$\frac{dH}{dt}=\frac{1}{2}\int d^3v_1'\int d^3v_2'\int b\,db\int d\phi\ |\vec{v_2}'-\vec{v_1}'|(f_2f_1-f_2'f_1')(2+\log(f_1'f_2')) \qquad (7.26)$$

(7.25)와 (7.26)을 합치고 반으로 나누면 다음 식을 얻는다.

$$\frac{dH}{dt}=\frac{1}{4}\int d^3v_1\int d^3v_2\ \int b\,db\ \int d\phi\ |\vec{v_1}-\vec{v_2}|\ (f_2'f_1'-f_2f_1)\ [\log(f_1f_2)-\log(f_1'f_2')] \qquad (7.27)$$

여기에서 $(f_2'f_1'-f_2f_1)\ [\log(f_1f_2)-\log(f_1'f_2')]\le 0$ (항상). Q.E.D.

$f_2'f_1'=f_2f_1$일 때 $\frac{dH}{dt}=0$인데, 이때가 평형 상태이다.

Boltzmann 방정식의 유도.

$f(\vec{r},\vec{v},t)d^3rd^3v$를 위상공간 $(\vec{r},\ \vec{v})$에서 시간 t에 체적소 d^3rd^3v 속에 입자의 수라고 하고, 체적소를 $\triangle\mu\equiv d^3rd^3v$라고 나타내면

$$f(\vec{r},\vec{v},t)=\frac{1}{\triangle\mu}\int_{\triangle\mu}F(\vec{r},\vec{v},t)\,d^3r_1\cdots d^3r_Nd^3v_1\cdots d^3v_N \qquad (7.28)$$

$$F(\vec{r},\vec{v},t)=\sum_{i=1}^{N}\delta(\vec{r}-\vec{r_i}(t))\,\delta(\vec{v}-\vec{v_i}(t)) \qquad (7.29)$$

(7.29)에서 δ는 Dirac delta-함수이고, 이 식은 Klimimontovich 분포함수라고 부른다. 입자의 시간 t에서의 위치 $\vec{r_i}(t)$로써 위치를 표시하였기 때문에, 이러한 점들을 위상공간에 찍어 보면 이러한 점들의 집합이 입자분포를 나타내고 있음을 상상할 수 있다. 입자의 총 수는

$$\mathrm{N} = \int f(\vec{r}, \vec{v}, t)\, d^3r d^3v \tag{7.30}$$

위에서 r－적분 영역은 계의 입자들이 차지한 체적이고 v－적분 영역은 운동하는 입자들이 가질 수 있는 속도 영역이다. 수 밀도는 다음과 같이 정의한다.

$$\mathrm{n}(\vec{r},\ t) = \frac{1}{V} \int_{\text{모든 } v} f(\vec{r}, \vec{v}, t)\, d^3v \tag{7.31}$$

체적소 d^3rd^3v에 들어 있는 입자들이 상호작용 하지 않는다고 가정하면, 시간 $t+dt$일 때, 이들 입자들의 새 좌표는

$$\vec{r}\,' = \vec{r} + \vec{v}\ \ dt + O(dt)^2 \tag{7.32}$$

$$\vec{v}\,' = \vec{v} + \vec{a}\ \ dt + O(dt)^2 \tag{7.33}$$

체적소 d^3rd^3v에 들어 있던 입자들은 시간 $t+dt$일 때, $(\vec{r}\,', \vec{v}\,')$을 중심으로 한 체적소 $d^3r'\, d^3v'$에 들어 있다. 위 식에서 $\vec{a}$는 외력에 의한 가속도이거나 여타의 입자들에 의한 집단효과로 발생하는 가속도이다. 신 체적소와 구 체적소는 다음 식으로 연관된다.

$$d^3r'\, d^3v' \ = d^3rd^3v\ \ J\left(\frac{\vec{r}\,', \vec{v}\,'}{\vec{r}, \vec{v}}\right) \tag{7.34}$$

여기에서 J는 변환 Jacobian인데 풀어서 쓰면 다음과 같다.

$$
J = \begin{vmatrix}
\frac{\partial r_1'}{\partial r_1} & \frac{\partial r_2'}{\partial r_1} & \frac{\partial r_3'}{\partial r_1} & 0 & 0 & 0 \\
\frac{\partial r_1'}{\partial r_2} & \frac{\partial r_2'}{\partial r_2} & \frac{\partial r_3'}{\partial r_2} & 0 & 0 & 0 \\
\frac{\partial r_1'}{\partial r_3} & \frac{\partial r_2'}{\partial r_3} & \frac{\partial r_3'}{\partial r_3} & 0 & 0 & 0 \\
0 & 0 & 0 & \frac{\partial v_1'}{\partial v_1} & \frac{\partial v_2'}{\partial v_1} & \frac{\partial v_3'}{\partial v_1} \\
0 & 0 & 0 & \frac{\partial v_1'}{\partial v_2} & \frac{\partial v_2'}{\partial v_2} & \frac{\partial v_3'}{\partial v_2} \\
0 & 0 & 0 & \frac{\partial v_1'}{\partial v_3} & \frac{\partial v_2'}{\partial v_3} & \frac{\partial v_3'}{\partial v_3}
\end{vmatrix}
$$

Jacobian에 대한 위 표현은 분자혼돈(molecular chaos)을 가정하였다. 즉 충돌 후의 분자 위치는 충돌전의 분자 속도와 상관없다(uncorrelated)는 가정이다. 이 가정 때문에 앞에서 서술한 바 있는 분포함수의 단계적 연결고리를 끊을 수 있다. 이 가정으로 말미암아 분포함수의 연결고리(chain of hierarchy)가 1-입자 분포함수 단계에서 끊어지며, Boltzmann 방정식은 1-입자 분포함수 자체로 표현되는 충돌항을 갖게 됨으로써 스스로 일관된 (self-consistent) 방정식이 된다.

위의 J값은 좌측 상단의 3×3 행열식과 우측 하단의 3×3 행열식의 곱으로 계산할 수 있다. 좌측 상단의 3×3 행열식의 값은 1이고, 우측 하단의 3×3 행열식은 대각선 행열식으로서 원은 $1 + \frac{\partial a_1}{\partial v_1} dt$ 등의 꼴을 취한다. (7.32)와 (7.33)을 사용하여 다음을 얻는다.

$$
J = 1 + \frac{\partial a_i}{\partial v_i} dt + O(dt)^2 \tag{7.35}
$$

여기에서 반복첨자 i에 대해서는 합하는 규칙을 적용한다. (summation convention). 따라서 체적소 사이의 관계를 다음 식으로 쓸 수 있다.

$$
d^3r' \, d^3v' = \left[1 + \frac{\partial a_i}{\partial v_i} dt + O(dt)^2 \right] d^3r d^3v \tag{7.36}
$$

신 체적소 안에 들어 있는 입자수와 구 체적소 안에 들어 있는 입자수 사이에는 다음 관계식이 성립한다.

$$f(\vec{r}',\ \vec{v}',\ t+dt)\ d^3r'\,d^3v' = f(\vec{r},\vec{v},t)\,d^3r d^3v + \left(\frac{\delta f}{\delta t}\right)_c d^3r d^3v\ \ dt \quad (7.37)$$

위 식의 마지막 항은 입자 간의 충돌로 새로 들어 왔거나 빠져나간 입자수를 나타내는 충돌항이다. 이 충돌항을 만들어 낸 것이 Boltzmann의 업적이다. 좌변 첫항을 $(\vec{r},\vec{v},t)$ 근방에서 Taylor 전개하면

(7.37)의 좌변

$$= \left[f(\vec{r},\vec{v},t) + \left(\frac{\partial f}{\partial t} + \frac{\partial f}{\partial r_i}\frac{dr_i}{dt} + \frac{\partial f}{\partial v_i}\frac{dv_i}{dt}\right)dt\right] d^3r d^3v\ \ dt\left(1 + \frac{\partial a_i}{\partial v_i}dt\right) \quad (7.38)$$

따라서

$$\frac{\partial f}{\partial t} + \frac{\partial f}{\partial r_i}\frac{dr_i}{dt} + \frac{\partial f}{\partial v_i}\frac{dv_i}{dt} + f\,\frac{\partial a_i}{\partial v_i}dt = \left(\frac{\delta f}{\delta t}\right)_c \quad (7.39)$$

입자에 작용하는 힘이 속도와는 독립적이거나, 속도에 유관하더라도 Lorentz 힘 형태, 즉 $\vec{v}\times\vec{B}$형태이면 $\frac{\partial a_i}{\partial v_i} = 0$이다. 따라서 최종적으로 다음 Boltzmann 식을 쓸 수 있다.

$$\frac{\partial f}{\partial t} + v_i\frac{\partial f}{\partial r_i} + a_i\frac{\partial f}{\partial v_i} = \left(\frac{\delta f}{\delta t}\right)_c \quad (7.40)$$

● 충돌항$\left(\frac{\delta f}{\delta t}\right)_c$

2-체(two-body) 탄성 충돌을 생각하자. 충돌 전의 속도를 각각 $\vec{v}$, $\vec{v_1}$ 충돌 후의 속도를 각각 $\vec{v}'$, $\vec{v_1}'$으로 표시하면 충돌 후의 prime 붙은 속도는 작용하는 힘을 알면 충돌 전의 속도들로 구할 수 있다. 충돌사건은 두 입자의 무게중심 좌표계에서 수식으로 나타내는 것이 편리하다. 이 좌표계에서 충돌은 상대속도로 운동하는 가상적 입자(감소질량; reduced mass을 갖는)가 산란중심

(scattering center)으로부터 휘어나가는 사건으로 그려 볼 수 있다. 그림 (7.1). 입사 입자는 산란 중심을 향하여 충돌경수(impact parameter) b 떨어져서 입사하고 산란각(scattering angle) θ만큼 휘어나간다. 입자의 궤적은 두 개의 각 ϕ와 θ와 관련되는데, ϕ는 방위각(azimuthal angle)이고, θ는 극각(polar angle)에 해당한다. 면적소 $\mathrm{b\,db\,d}\phi$를 통과해 나가는 입자속(flux)은

$$\mathrm{b\,db\,d}\phi \ \left|\vec{v}-\overrightarrow{v_1}\right| \ f(\vec{r},\overrightarrow{v_1},t)\,d^3v_1 \ \ (\mathrm{sec}^{-1}) \tag{7.41}$$

그러면 속도 $\vec{v}$를 갖는 입자들과 위 입자속에 들어 있는 입자들과의 매 초 당 충돌회수는 (7.41) $\times f(\vec{r},\vec{v},t)\ d^3v$이다.
즉

$$\mathrm{b\,db\,d}\phi \ \left|\vec{v}-\overrightarrow{v_1}\right| \ f(\vec{r},\overrightarrow{v_1},t)\,d^3v_1 \ \ f(\vec{r},\vec{v},t)\,d^3v$$

위 식을 모든 $\overrightarrow{v_1}$에 걸쳐 적분하고 d^3v로 나누어 주면 $\vec{v}-$ 입자들을 $(\vec{v},\ \vec{v}+d\vec{v})$ 범위로 산란시켜 내보냄으로 해서 발생하는 $f(\vec{r},\vec{v},t)$의 변화율(매초당)을 얻을 수 있다.

$$\left(\frac{\delta f}{\delta t}\right)_{out} = \int d^3v_1 \int_0^{\infty} db\ \ b\int_0^{2\pi} d\phi\ \left|\vec{v}-\overrightarrow{v_1}\right|\ f(\vec{r},\vec{v},t)\ f(\vec{r},\overrightarrow{v_1},t) \tag{7.42}$$

상대속도 $\left|\vec{v}-\overrightarrow{v_1}\right| \equiv v_R$은 산란각 θ의 함수인데 θ는 작용하는 힘을 알면 b와 ϕ로써 구할 수 있다. 미분산란 단면적(differential scattering cross section)을 다음 식으로 정의한다.

$$d\sigma(v_R,\ \theta) = b\ \ db\ \ d\phi;\ \ \theta = \theta(v_R,\ b)$$

그러면 (7.42)은 다음과 같이 쓸 수 있다.

$$\left(\frac{\delta f}{\delta t}\right)_{out} = \int d^3v_1 \int d\Omega\,\frac{d\sigma}{d\Omega}\left|\vec{v}-\overrightarrow{v_1}\right|\ f(\vec{r},\vec{v},t)\ f(\vec{r},\overrightarrow{v_1},t) \tag{7.43}$$

위에서 $d\Omega = \sin\theta\ \ d\theta\ \ d\phi$은 입체각이다.

속도 범위 $(\vec{v},\ \vec{v}+d\vec{v})$로 산란해서 들어옴으로 해서 발생하는 $f(\vec{r},\vec{v},t)$의 변화율(매초 당)도 같은 방식으로 얻을 수 있다.

$$\left(\frac{\delta f}{\delta t}\right)_{IN}=\int d^3v_1{}'\int\left(d\Omega\frac{d\sigma}{d\Omega}\right)'\ |\vec{v}\,'-\vec{v_1}{}'|\ f(\vec{r},\vec{v}\,',t)\ f(\vec{r},\vec{v_1}{}',t) \quad (7.44)$$

위에서 $\vec{v}\,'$, $\vec{v_1}{}'$은 $\vec{v}$, $\vec{v_1}$의 함수들 이다. 탄성충돌을 가정했으므로 다음 보존식이 성립한다.

$$\mathrm{m}\vec{v}\,'+\mathrm{m}\vec{v_1}{}'=\mathrm{m}\vec{v}+\mathrm{m}\vec{v_1} \quad (7.45)$$

$$\mathrm{m}v'^2+\mathrm{m}v_1{}'^2=\mathrm{m}v^2+\mathrm{m}v_1^2 \quad (7.46)$$

충돌은 속도 사이의 선형 직교변환(linear orthogonal transformation)이므로 다음 식이 성립한다.

$$|\vec{v}-\vec{v_1}|=|\vec{v}\,'-\vec{v_1}{}'|$$

이러한 변환에서 Jacobian은 1이므로

$$d^3v_1{}'\,d^3v'=d^3v_1\,d^3v$$

또한 작용의 대칭성에 의하여

$$\left(d\Omega\frac{d\sigma}{d\Omega}\right)'=\left(d\Omega\frac{d\sigma}{d\Omega}\right)$$

충돌항에 위의 결과들을 적용하면 충돌항은 다음과 같이 된다.

$$\left(\frac{\delta f}{\delta t}\right)_c=\int d^3v_1\int d\Omega\frac{d\sigma}{d\Omega}|\vec{v}-\vec{v_1}|\ [f(\vec{r},\vec{v}\,',t)f(\vec{r},\vec{v_1}{}',t)-f(\vec{r},\vec{v},t)f(\vec{r},\vec{v_1},t)] \quad (7.47)$$

제8장 제2법칙에 대한 추가 고찰

Ludwig Edward Boltzmann의 생애와 개성.

이 글은 오스트리아의 대학교수, Dr. D. Flamm(Boltzmann의 외손자)이 1972년, Boltzmann 방정식 100주년 기념 심포지움에서 강연한 내용을 발췌하여 옮긴 것이다(참고문헌: The Boltzmann Equation Theory and Applications).

1872년 Boltzmann은 그의 유명한 논문 "Further Investigations of the Thermal Equilibrium of Gas Molecules"*를 Proceedings of the Imperial Academy of Sciences in Vienna에 발표하였다. 이때 그의 나이 28세이었고 University of Graz 수리물리학 정교수로 3년간 재직 중이었다.

Ludwig Edward Boltzmann은 1844년 2월 20일 오스트리아 비엔나에서 프러시아의 세무 공무원(부)과 Salzburg 상인의 딸(모) 사이에서 태어났다. 그날은 천주교에서 말하는 Ash의 날과 Shrove의 날 사이인데, Boltzmann은 이 때문에 그의 성격이 극단적인 기쁨과 우울 사이를 오고 갔다고 말했다고 한다. Boltzmann의 부친 쪽은 개신교이었고, 모친쪽은 카톨릭이었는데, Boltzmann과 형제자매들은 카톨릭 식으로 세례를 받았다. Boltzmann은 Linz에서 Gymnasium을 다녔고, 매우 열심히 공부하는 학생이어서 항상 (한학기를 제외하고) 일등을 하였다. Linz에서 Anton Bruckner에게 피아노 레슨을 받았다. 어느 비오는 날, 이 음악 거장이 가르치러 왔다가 젖은 레인코트를 침대위에 놓은 것을, Boltzmann의 어머니가 싫어하자, 이 음악 선생은 다시 나타나지 않았다. Boltzmann이 15세 때에 부친이 폐결핵으로 별세하였다. 1863년 Boltzmann은 비엔나 대학에 등록하여 수학과 물리학을 공부하였다. 이 연구소는 Christian Doppler가 세웠고 J. Stefan이 소장으로 있었다. Boltzmann은 Stefan과 매우 가까이 지냈는데, Stefan은 Maxwell의 전자기에 관한 논문을 주면서, Boltzmann이 영어를 못 읽으므로 영문법 책도 같이 주었다고 회고했다. 1866년 Boltzmann은 비엔나에서 박사학위를 취득하고, 1867년에 Graz의 물리학 연구소의 조교수가 되었다. 이곳에서 Josef Loschmidt와 함께 일하며 친구

---

* Boltzmann 방정식을 제시한 논문

가 되었다. 1869년 25세의 나이에 Boltzmann은 University of Graz 수리물리학 정교수가 되었다. 1873년 Boltzmann은 수학 교수로 Vienna에 돌아왔다. Graz를 떠나기 직전, 미래의 wife가 될, 길고 아름다운 머리칼과 푸른 눈을 가진 10년 연하의 소녀 Henriette von Aigentler를 만났다. 그녀는 Graz 대학에서 수학 공부를 하고 싶었으나, 여자는 가정에서 요리하고 청소하는 것을 우선으로 해야 한다는 학장의 반대로 뜻을 이루지 못하였다. 그후, 교육부장관에게 청원하여, 한 학기를 청강할 수 있었으나, Boltzmann과의 약혼이 이루어지면서, 공부의 뜻을 접었다고 한다. Boltzmann은 별로 크지 않았으나 강해 보였으며, 곱슬머리에 푸른 눈을 가졌다. 그는 마음이 여리었다. 기차역에서 약혼녀와 헤어질 때는 언제나 눈물을 감추지 못하였다. 누가 부탁을 하면 거절하지 못하는 성격이었다고 한다. 말년에 그는 학생을 절대로 시험에서 떨어뜨리지 않았다. [Flamm의 회고에서는 분명하지 않으나] Boltzmann은 Graz로 돌아가기 위하여, 교수 자리를 두고, 당시 Prag에 있던 Ernst Mach와 물밑 경쟁을 벌인 듯하다. 그는 사신에서 "나는 비밀 싸움을 증오한다. 나는 음모 꾸미기(intrigue) 보다 적분하기(integrate)를 훨씬 더 잘한다"고 썼다고 한다. 이후 Boltzmann은 행복한 14년을 Graz에서 보냈다. 이 기간 동안, 그는 자연의 통계적 개념에 대한 그의 생각을 발전시켰다. 1885년에 오스트리아 과학 아카데미 회원이 되었고, 1889년에는 University of Graz의 총장이 되었다. Boltzmann은 자연을 사랑하였다. 자주 장거리를 산책하였고, 시골에 농가를 구입하여 가족과 함께 시간을 보냈다. 식물에 대한 방대한 지식이 있었으며, 식물과 나비의 채집실도 관리하였다. 1890년에 University of Munich의 이론물리학 교수로 옮기었다. 이곳에서 4년을 행복하게 지냈으나, Munich의 Bavarian 정부는 교수들에게 연금을 지불하지 않았고, 개인적으로 그의 시력이 약해져서 실명을 두려워 하였다. 1894년, 비엔나의 Stefan이 죽고, 그 자리로 갈 기회가 있었으나, 그곳에 Mach가 철학과 과학사 교수로 재직하고 있었다. Mach는 Boltzmann의 원자주의(atomism)에 극렬히 반대하던 사람이었으므로, Boltzmann은 1900년 Leipzig 이론물리학 교수직을 수락하였다. 그러나 그곳에서의 삶은 행복하지 않았다. Leipzig에는 물리화학자 Wilhelm Ostwald가 큰 연구소를 지휘하고 있었다. Ostwald는 개인적으로는 Boltzmann의 친구이었으나, 그의 에너지주의(energeticism)는 Mach의 철학에 기반을 둔 것으로 Boltzmann의 생각과 반대다. 이곳에서 Boltzmann의 입장은 Vienna에서 보다 더 어려워 졌다. 또한 Boltzmann은 그곳의 Saxon 식의 삶을 좋아하지 않았다.

이러한 환경이 그의 신경쇠약을 재촉하였다. 1901년 Vienna의 Mach가 건강의 악화로 은퇴하자, 그때까지 Boltzmann을 위하여 비워 두었던 자리로 돌아왔다. 그러나, Vienna의 학계는 오랫동안 떠나 있었던 Boltzmann에게 호의적이지 않았다. 그의 건강은 과학적 반대론자들과의 끊임없는 분쟁으로 갈수록 악화되었다. 그의 시력은 이미 읽기가 어렵게 되었고, 과학기사를 읽어 줄 여인을 고용하였으며, 원고는 부인이 작성하였다. 천식과 심근경색증으로 고생하고, 과도한 일로 두통에 시달렸다. 1905년 7월 미국 University of California, Berkeley를 방문했을 때도 천식의 공격을 받았다. 1906년 Trieste 근처 Duino에 휴양을 가서도 나아지지 않았다. 1906년 9월 5일 우울증의 공격을 받아 자살로 생을 마감하였다.

Boltzmann은 탁월한 선생이었다. 그의 제자 중에는 Paul Ehrenfest와 Walter Nernst가 있다. 그는 제자들에게 그의 우월함을 보여주려 하지 않았고 누구나 자유롭게 질문할 수 있었으며 비평도 제기할 수 있었다. 대화는 긴장 없는 분위기에서 이루어 졌으며 학생들을 동등한 파트너로 대하였다. 그가 가르친 과목은 고전역학, 유체역학, 탄성체이론(elasticity), 전자기학, 기체의 분자운동론 등이었다. 중앙의 큰 칠판에는 주 계산을 썼고 양쪽의 작은 칠판은 보조 계산으로 이용하였다. 매 강의가 열성적이었고, 완전히 새롭고 경이로운 세상으로 들어간 느낌이었다. Boltzmann의 가장 인기 강의는 철학이었다. 그의 철학 첫 강의는 대형 강의실을 학생, 조교, 교수, 숙녀들이 꽉 메웠으며, Franz Joseph 황제도 청중의 하나이었다. Boltzmann의 막내딸이(이 글쓴 사람의 모친) 작은 원숭이를 갖기를 원했는데, 엄마는 집안에 동물을 두기를 반대하였으므로, Boltzmann은 타협책으로 토끼를 사서, 그의 서재에 토끼장을 지어 주었다. 막내딸의 방은, 그의 서재 바로 옆방이었는데, 저녁마다 우정의 표시로 딸의 방문을 가볍게 두드리었다. Boltzmann의 취미활동은 여름에는 수영, 겨울에는 스케이팅이었다. 그는 아침 일찍 일어나서 5시에는 벌써 일을 시작하였다. Boltzmann은 대학원 학생들을 초대하여 집에서 정기적으로 파티를 가졌다. 파티에서는 휴머로써 손님들을 즐겁게 하였으며, 재미있는 시를 짓기도 하였다. 그중의 하나로, "Beethoven in heaven"이라는 시가 있다. 그는 고전문학의 탁월한 감식가로서, 문학구절을 인용하기를 즐겨 하였으며 시인 Friedrich Schiller를 좋아하였다. 그가 선호하는 작곡가는 Beethoven이었다. Liszt가 편곡한 Beethoven의 교향곡을 피아노로 연주하기도 하였다. 친구들과 그의 아들 Arthur와는 실내악을 연주하곤 했으며, 비엔나 오페라 정기구매자 이었다.

Boltzmann은 자연과 예술을 사랑하였으나, 그의 인생의 목표는 언제나 과학 연구이었다.
그의 과학에 대한 노력은 그의 저서 “Principles of Mechanics”의 서두에 쓴 다음 글로 가장 잘 표현될 수 있을 것이다.

Bring’ vor, was wahr ist;
Schreib’ so, daβ es klar ist
Und verficht’s, bis es mit dir gar ist.
(이상 D. Flamm의 발표 내용).

● **위에 소개한 Boltzmann의 생애와 개성으로부터, 당시의 유럽 물리학계의 상황을 엿볼 수 있다.** 오늘날에는 당연한 것으로 받아들여지는 원자주의가 당시에는 에너지주의의 완강한 저항에 부딪쳐, Boltzmann은 그의 학문생활에서 스트레스를 받은 것 같다. 오늘날 보면 이 둘은 타협의 여지가 없는 상호배타적인 두 개의 ism이 아니라 경우에 따라 상호보완할 수 있는 개념이라고 볼 수 있다. Clausius의 엔트로피는 에너지주의의 성공사례이며, Boltzmann의 엔트로피는 전자를 포괄하는 원자주의의 소산이다. Boltzmann의 평생 연구 주제는 가역적인 미시적 역학 방정식으로부터 비가역적인 거시적 열역학 관계식을 설명하려는 것이었다고 요약할 수 있다. 그는 그의 유명한 Boltzmann 방정식을 도출함으로써 첫 번째 성공을 거두었고, 그의 H-정리는 두 번째 성공을 대표하고 있다. 그의 학문적인 성공에도 불구하고 극단적 선택으로 생을 마감한 것에 대하여 과학사 학자들이 여러 가지 논평을 제시하고 있다. 이 책의 저자가 읽은 것 중 그럴듯한 한 가지가, Boltzmann이 소통에 좀 더 신경을 썼더라면 하는 아쉬움을 남기는 대목이 있다. Maxwell이 다음과 같이 말하였다. “나는 Boltzmann을 연구해도 이해할 수가 없다. Boltzmann은 길게 쓰고 나는 짧게 쓰는 것이 우리가 서로를 이해하는데 걸림돌이 되는 것 같다”라고.* Klein의 논문에 의하면, Maxwell이 1870년 이후에는 Boltzmann의 논문을 읽지 않은 것 같다고 한다. 어떤 사람은 Boltzmann의 극단적인 선택이 학문과는 별 관계없는 것이라고 한다. Boltzmann의 휴머 감각은 널리 공인된 그의 특성인데, “심각한 우울증과 탁월한 휴머 감각은 흔히 병행한다”고 하면서

---

* 출처: The developmemt of Boltzmann’s statistical ideas, M. J. Klein, Yale University(참고문헌 The Boltzmann Equation Theory and Applications)

심리학적인 설명을 제시하기도 한다. [제시자는 Boltzmann 메달을 받은 물리수학자이다.]

Boltzmann은 어떻게 가역적인 개별적 역학방정식에서 출발하여 비가역적인 총체적 열역학적 진행을 설명할 수 있었는가? 자연과정에 수반되는 열역학적 비가역성을 확률로써 설명한 것이 그의 업적이다. 즉, 거대한 수효의 분자로 구성된 기체에 통계를 적용함으로써 , 비록 개개의 분자는 가역적인 역학 방정식의 지시에 따르더라도 자연과정의 비가역성을 이해할 수 있음을 보여 준 것이 Boltzmann 이었다. Erwin Schrödinger는 "열역학적 비가역성은 통계법칙 자체의 순수한 구체화이다"라고 하면서, 자연계의 사건들은 가장 진행할 법한 방향으로 진행한다고 말하였다. Klein은 Boltzmann이 20여년에 걸쳐 반대론자들의 논리에 대항하기 위하여 그의 논리를 수정하고 발전시키는 가운데 엔트로피에 대한 확률적 개념을 정립하였다고 주장한다(참고문헌 p.156 하단). 그러면, 초기의 Boltzmann의 엔트로피에 대한 일은 어떤 것이었나 궁금하므로, Klein의 논문의 해당 부분을 여기에 전재한다. 앞에서 본 바와 같이 Clausius는 다음 식으로 제2법칙을 수식화하였다.

$$T\,dS \geq \delta Q \tag{8.1}$$

위 식에서 등호는 δQ가 가역과정을 통하여 계에 주입된 경우이고, 부등호는 비가역 과정을 통하여 주입된 경우이다. Boltzmann은 이 결과를 순전히 역학적 정리로서 유도하기를 원하였다. 이 목적을 위해서는 계의 열역학 함수들을, 계를 구성하는 입자들의 좌표와 운동량의 함수로 나타낼 필요가 있었다. 에너지 변환의 두 모드인 일과 열도 포함하여. Boltzmann은 계의 운동이 주기적이라는 제한된 조건을 설정하였다. 따라서 모든 분자의 궤적은 주기 τ 후에는 정확히 닫쳐야 되고, 계 전체의 배위는 주기 τ로 반복되어야 한다. 이러한 조건하에서, 최소작용의 원리(principle of least action)를 적용하여 엔트로피 S에 대한 다음 표현을 얻었다(1866년).

$$S = \sum \ln (T\tau)^2 + \text{const.} \tag{8.2}$$

위에서 합은 모든 분자에 대하여 수행하고, T는 온도, 즉 분자 한 개의 운동에너지의 시간적 평균치이다.

$$T = \frac{1}{\tau}\int_0^{\tau}\frac{1}{2}m v^2 \; dt \tag{8.3}$$

이 초기 작품에서, Boltzmann은 비가역성에 대해서는 이렇다 할 결과를 내놓지 못한 것 같다. 요약하면, 주기적 계(periodic system)에 대해서 변분법을 사용하여 (8.2)로 표현되는 엔트로피를 얻었다. (8.3) 식은 평균 운동에너지를 시간에 대한 평균으로 계산하였다. 이것은 Boltzmann이 ergodicity(앙상블 평균과 시간평균이 같다는)를 이미 사용한 것이 아닌가 생각된다.

이로부터 5년 후, 1871년 Boltzmann은 확률을 도입하여, 역학적으로, 고전열역학의 엔트로피를 얻었다. 변분법으로 얻은 (8.2) 식이 어떻게 이제 설명하려는 다음 작품과 연결되는지, 과학사적 측면에서 (또는 과학사적 측면이 아니더라도) 흥미로우나, 이 부분은 알 길이 없다.

Boltzmann은 이 논문에서, 1) $\Gamma-$공간에서의 확률분포를 도입하였다. 2) 열과 일을 역학적으로 구분하였다. 3) 완전미분의 논리를 적용하였다.

에너지 E는

$$E = \frac{1}{2}\sum_{i=1}^{N} m_i(u_i^2 + v_i^2 + w_i^2) + \chi(x_i, \cdots, z_N) \tag{8.4}$$

여기에서 N은 분자의 개수, χ는 포텐샬 에너지, 그 밖의 기호는 자명하다 (위상공간의 좌표). 확률은 다음 식으로 주어진다.

$$dp = \frac{\exp(-hE)\,d\omega}{\int \exp(-hE)\,d\omega} \tag{8.5}$$

$d\omega$는 위상공간의 체적소이며,

$$h = \frac{3}{2T}$$

그러면 운동에너지 T는

$$T = \frac{1}{2}\int m_i(u_i^2 + v_i^2 + w_i^2)\ \mathrm{dp} \equiv \left< \frac{1}{2}m_i(u_i^2 + v_i^2 + w_i^2) \right> \tag{8.6}$$

$$< \mathrm{E} > = \int \mathrm{E}\ \mathrm{dp} = \frac{3N}{2h} + < \chi > \tag{8.7}$$

그러면 < E >의 변화는 다음 표현으로 주어진다.

$$\delta\ < \mathrm{E} > = -\frac{3N}{2h^2}\ \delta h + \delta < \chi > \tag{8.8}$$

변화 $\delta < \chi >$는 두가지 요인에 의해서 나타날 수 있다. 1) 포텐샬 에너지 자체의 변화 ($= < \delta\chi >$)에 의해서, 2) 확률분포의 변화에 의해서. 전자는 일이고 후자는 열이다.

따라서

$$\delta Q = \delta < \mathrm{E} > - < \delta\chi > = -\frac{3N}{2h^2}\ \delta h + \delta < \chi > - < \delta\chi > \tag{8.9}$$

(8.9) 식의 위상공간에 대한 적분에서 속도 공간의 적분은 수행할 수 있고, 좌표공간의 적분만으로써 다음과 같이 쓸 수 있다.

$$\delta Q = -\frac{3N}{2h^2}\delta h + \delta\left[\frac{\int \chi \exp(-h\chi)\, d\sigma}{\int \exp(-h\chi)\, d\sigma}\right] - \frac{\int \delta\chi \exp(-h\chi) d\sigma}{\int \exp(-h\chi)\, d\sigma} \tag{8.10}$$

$$d\sigma = dx_1 \cdots dz_N$$

(8.10)의 δQ는 완전미분이 아니지만 (마지막 항), h로 나누어 주면 완전미분이 된다. $\mathrm{T} = 3/2\mathrm{h}$로 나누어서 다음 식을 얻는다.

$$\frac{\delta Q}{T} = dS = d\left[-N \ln h + \frac{2h}{3} < \chi > + \frac{2}{3} \ln\left(\int \exp(-h\chi)\, d\sigma\right)\right] \tag{8.11}$$

위 식은 엔트로피에 대한 다음 표현을 준다.

$$S = \frac{< E >}{T} + \frac{2}{3} \ln\left[\int \exp(-hE) d\omega\right] + \mathrm{const} \tag{8.12}$$

Maxwell's demon(MD; Maxwell의 악마)

연속적인 무한소 변환으로, 평형상태를 유지한 채로 일어나는 가역과정에서는 엔트로피가 일정하다. 자연과정(spontaneous process)은 엔트로피의 증가를 수반하는 비가역과정이다. 이것이 제2법칙의 내용인데, 전자기학과 기체운동학의 대가이었던 J. C. Maxwell은 제2법칙을 위배하여 일어날 수 있는 가상적 상황을 설정하는 사고실험(thought experiment)을 제안하였다. 그의 유명한 Maxwell의 악마(Maxwell's demon)이다. Maxwell은 어떤 용기에 들어 있는 일정한 온도의 기체를 재분배해서, 용기의 반은 더운 공기로, 반은 찬 공기로 나눌 수 있는 초능력의 주체 MD를 가정하였다. 초능력이라고 말하였지만, 그 능력은 물리적으로 실현 가능함을 전제로 해야 한다. 그렇지 않으면 그러한 능력의 주체를 물리학에서 다룰 이유가 없을 것이다. (demon이라는 명칭은 Kelvin이 붙였다고 한다.) 열을 찬 곳에서 더운 곳으로 이동시킬 수 있다면 제2법칙은 완전히 폐기되어야 할 것이다.

Maxwell은 그의 논문 [제2법칙의 제한성에 대하여, Limitations of the second law, 1871]에서 다음 상황을 가정하였다. 어떤 온도의 기체가 용기에 담겨져 있고 용기 사이에는 기체를 통과시킬 수 있는 작은 구멍이 있다. MD는 이 구멍을 통하여 선별적으로 분자를 통과시킬 수 있는 능력이 있다. MD는 구멍에 개폐장치를 운용함으로써 평균속도 보다 빠른 속도로 다가오는 분자는 왼쪽에서 바른 쪽으로 통과시키고, 느린 속도로 다가오는 분자는 바른쪽에서 왼쪽으로 통과시킨다. 이렇게 하여 얼마 후에 보면 용기의 바른쪽 부분은 온도가 높아지고 용기의 왼쪽 부분은 온도가 낮아져서 전체의 엔트로피가 감소된 재배치가 실현될 것이다. Maxwell이 상상한 MD의 능력을 원문으로 읽어 보자: "A finite being who knows the paths and velocities of all the molecules by simple inspection but who can do no work except open and close a hole".

이상의 Maxwell의 설정에서 중요한 부분은 MD의 엔트로피가 이 계의 엔트로피와는 전적으로 독립적이어야 한다는 것이다. 즉 그의 선별 행위가 계의 엔트로피에 영향을 주어서는 안 된다는 점이다. MD의 선별작동에서 여하한 엔트로피도 생성되지 않는다고 가정하고 있다. 과연 MD의 존재, 그러한 MD의 운용이 가능한가? 이러한 관점에서 많은 과학자들이 제2법칙을 무력화시킬 수 있는 MD의 존재 또는 그의 능력을 부정하는 논리를 제시하였다.

우선 MD는 생명체일 수 없다. 양자역학의 창시자인 E. Schrödinger는 그의 저서 What is life?에서 생명체는 음(−)의 엔트로피(negative entropy)로써 산다고 하였다. [$-S = k\log\frac{1}{\Omega}$라는 식을 사용하였다.] 이 말은 생명체가 음식물을 섭취함으로써 생명체의 온도가 높아지고 엔트로피가 증가하지만 신진대사를 통하여 외부로 엔트로피를 방출하여, 대체로 일정한 엔트로피를 유지한다. 음의 엔트로피를 섭취하지 못하는 경우 엔트로피의 일방적 증가는 생명체의 생물학적 붕궤를 가져 올 것이다. MD가 생명체라면 기체분자 집단과 엔트로피 교환이 불가피하므로 Maxwell의 설정과 맞지 않는 것이 분명하다.

Feynman은 그의 저서, "Lectures on Physics"에서 가역적 기계를 (reversible machine) 고안하였다. (Ratchet and Pawl, in Vol. 1). Feynman의 기계도 기체 집단과의 상호작용이 불가피 한만큼 Maxwell이 상정하는 독립된 기계는 아니라고 보여진다.

MD를 기체계에 간섭하는 외부인자가 아닌 기체 자체의 고유 능력으로 볼 수는 없을까? 이렇게 상정하는 학자는 기체의 요동(fluctuation)을 염두에 두고 하는 말이다. 기체분자는 끊임없는 열운동을 하므로 전체가 끊임없이 요동치고 있다고 볼 수 있다. (요동의 scale에 관계없이 에너지 configuration 이 달라지고 있다.) 칸막이가 없는 용기에서도 기체가 그 절반은 왼쪽에, 절반은 바른쪽에 각각 쏠려 있는 순간을 상정할 수 있다. [이것은 Maxwell이 애당초 설정한 사고실험은 아닐 것이다.] 그러한 배위가 실현될 확률이 실로 너무나 작지만 무한대의 시간을 투입하여 기다리다 보면 그러한 배위를 ($\Gamma-$공간에서) 볼 수 있다는 것이 학자들의 의견이다. 그러나 그렇게 자연적으로 실현되었다 하더라도 MD가 원했던 대로 마무리하려면 분리된 순간에 칸막이를 작동하여 기체를 나누어 주어야 한다. [이렇게 된 후에야 제 2 법칙을 위배한 증거가 있다고 주장할 수 있을 것이다.] 이러한 분리된 배위를 인지하기 위해서는 정보가 뒷받침되어야 한다. 즉 MD는 분자 하나하나를 볼 수 있어야 한다.

L. Brillouin은 [J. Applied Phys. 22 234, 1951] MD가 손전등을 들고서 개개의 분자를 보아야 개폐장치를 목적대로 작동시킬 수 있다고 주장하며, MD가 사용하는 전등은 아무리 잘 만들어도 비가역적인 (엔트로피의 변화를 수반하는) 광학기구일 수밖에 없다고 하였다. 따라서, 분자를 보기 위해서는, 손전등 빛의 진동수는 기체분자가 방출하는 빛의 진동수와 다른 진동수이어야 하며, 손전등이 생산하는 엔트로피의 총합은 기체분자들을 분리해서 얻어지는 계의 엔트로피 감소량을 초과하게 되므로 제2법칙을 부정할 수 있는 결과를 생산할 능력이 MD에게 없다고 결론지었다.

H. C. Van Ness[참고문헌]는 MD가 분자에 대한 정보를 (분자의 위치 속도, 방사하는 빛의 진동수 등) 근거로 해서 개폐장치를 운용해야 하는 만큼, 엔트로피와 정보 사이에 밀접한 관계가 있다고 주장한다. MD의 정보수집 및 이해능력이 차단 문의 개폐시기를 결정하게 되므로 정보의 유무가 MD의 성공여부를 결정하는 핵심요소라는 것이다. 엔트로피와 정보(information) 사이의 관계를 다루는 학문분야가 정보이론(information theory)이다.

정보 엔트로피(information entropy, Shannon entropy)는 Boltzmann의 엔트로피와 똑같이 "정보내용"의 log 함수로 표현된다. 정보이론은 통신 시스템의 개발에 매우 중요하게 응용된다. MD의 도구는 컴퓨터일 수밖에 없다고 하며, MD의 정보처리 과정에서 정보 엔트로피가 증가할 수밖에 없다는 논리를 내세우기도 한다. 두 엔트로피가 모두 확률을 나타내고 있지만, 그 실체가 하나는 열이고 다른 하나는 정보내용이다. 이 둘은 분명히 물리적으로 같지 않다. 정보처리과정에서 컴퓨터에 열이 발생한다고 한다면, 저항이 없는 초전도체 양자 컴퓨터가 MD의 도구가 될 수 있고, 그러한 도구를 구사하는 MD는 제2법칙을 뛰어넘을 것인가?

Maxwell이, 이 사고실험을 19세기 중엽에 제안한 이후 100년 이상 과학자들이 이 문제를 접지 못하고 백가쟁명 식의 의견이 분분하다 MD에게 여러 가지 능력이 있기 때문에 이 문제가 잘 정의되지 않은 측면이 있다. 또한, 제2법칙이 종교 철학 및 실제적으로 인간과 너무 심오한 관계를 내포하고 있기 때문이라고 생각된다.

● **Boltzmann 방정식과 그의 H-정리는 Liouville 방정식에서 출발하여 도출되었다.** Liouville 방정식은 시간에 대하여 가역적이다(reversible). 즉 $t \to -t$로 치환해도 Liouville 방정식은 불변이다. 이것은 Hamilton 방정식이 (또는 Newton 운동방정식) 이 시간에 대하여 가역적이기 때문이다. 영국의 천문학자 A. Eddington은 열역학 제2법칙을 '시간의 화살' (time's arrow)이라고 불렀다. Boltzmann은 시간의 화살이 없는 미시적 역학 방정식에서 출발하여 시간의 화살이 있는 거시적 열역학 법칙을 유도하였다. 시간의 화살을 웅변으로 나타내는 예가, Joule의 자유팽창 결과로, 퍼진 기체가 원상태로 되돌아 가지 못하는 현상에서 볼 수 있다. 이것은 분자 한 개, 한 개가 누릴 수 있는 공간을 스스로 줄이려 하지 않기 때문이며, Boltzmann은 이것을 확률과 연결시켰

다. 당대의 학자 Zermelo(M. Planck의 제자)는 Boltzmann의 원자주의 이론이 Poincare의 ergodic theory에 위배된다고 하며 Boltzmann의 이론을 공격하였다. Loschmidt는 Boltzmann의 이론이 역학 방정식의 매우 제한된 특이한 경계 조건 하에서만 성립하므로 일반성이 없는 이론이라고 주장하였다. 이들은 모두 Boltzmann의 원자주의에 입각한 엔트로피의 법칙의 유도를 부정하였다. Boltzmann은 이러한 반대 이론에 대하여, 앞에서 논의한 것처럼, 역학계에 통계의 개념을 도입하여 그의 H-정리의 타당성을 수립하였다. Boltzmann은 6차원 $\mu-$공간을 체적 ω의 '방'들로 구분하였다. 방 1에 n_1개, 방 2에 n_2개,⋯ 이런 식으로 N개의 분자가 배치될 수 있는 경우의 수는 $\dfrac{N!}{n_1!\,n_2!\cdots}$이다. 각각의 경우에 대응하는 $\Gamma-$위상공간의 체적은 $\omega^{n_1}\omega^{n_2}\cdots=\omega^N$이다. 따라서 방 1에 n_1개, 방 2에 n_2개,⋯ 이런 식으로 N개의 분자가 배치되었을 때, 대응하는 $\Gamma-$공간의 체적은

$$\Omega=\frac{N!}{n_1!\,n_2!\cdots}\omega^N \tag{8.13}$$

최대 확률을 가질 분자의 분포는 다음 제약조건 하에서 (8.13)의 최대치를 구함으로써 얻어진다.

$$\sum_i n_i = N, \quad \sum_i n_i\,\epsilon_i = E \tag{8.14}$$

여기에서 ϵ_i는 방 i의 에너지 준위이다. (8.14)의 제약조건은 Gibbs의 미시표준앙상블에 대응한다. 평형상태는 (8.13)을 최대로 하는 분포 n_i에 대응한다. 최대 Ω의 분포는 미소한 배위의 변화에 매우 민감하다. 즉 작은 변화 δn_i가 ($\sum \delta n_i - 0$) (8.13)의 Ω값을 엄청니게 감소시킨다. 이것은 평형상대에서 비평형상태로 (최대 확율분포에서 비최대 확률 분포로) 자연 과정으로 이동할 확률은 거의 0라는 뜻이다. 미시표준앙상블에서 최외곽 에너지 shell에 대응하는 $\Gamma-$공간의 체적이 압도적으로 전체 체적의 대부분을 차지하고 있음을 보았다. Boltzmann은 $\Gamma-$공간에서, 시간의 화살이 있는 분자의 운동방정식에서 출발하였으나, $\Gamma-$공간의 체적을 확률로 보았고, Liouville의 $\Gamma-$공간을 분자

가 누릴 수 있는 '방'들로 재구성하였다. 이러한 방들이 확률과 연결되었으며 분자들은 방의 개수가 줄어드는 $\Gamma-$공간으로 자연과정을 거쳐 되돌아갈 확률이 압도적으로 작다는 것을 보였다. 이것은 분자수 N이 매우 클 때 ($\sim 10^{23}$개) 거의 절대적으로 성립한다. 이것이 시간의 화살이다.

부록 A Lagrange 미정계수법

Lagrange의 미정계수법(Method of Lagrange's undetermined coefficient)는 다변수 함수의 극치를 구하는 문제에서 비롯된다. 예로써 2 변수함수 $z(x,y)$를 생각하자.

$$\frac{\partial z}{\partial x} = 0, \ \frac{\partial z}{\partial y} = 0 \tag{A1}$$

를 동시에 만족하는 점을 x_0, y_0라 하면 $z(x_0, y_0)$는 함수 $z(x, y)$의 최소점, 최대점, 또는 말안장점(saddle point)의 좌표이다. 이들 세 점을 임계점(critical point)라고 총칭한다. 말안장점은 1 변수 함수의 경우의 변곡점(inflection point)에 대응한다. 임계점 x_0, y_0가 셋 중 어느 경우에 해당하는지를 판별하려면 2차 편도함수를 생각해야한다. 이에 대한 다음 정리는 고급미적분책(가령 I. S. Sokolnikoff and R. M. Redheffer의 Mathematics of Physics and Modern Engineering)에 나와있다.

만약

$$\left[\frac{\partial z}{\partial x}\right]_{x_0, y_0} = 0, \ \left[\frac{\partial z}{\partial y}\right]_{x_0, y_0} = 0 \tag{A2}$$

$$D \equiv \left[\frac{\partial^2 z}{\partial x \partial y}\right]_{x_0, y_0} - \left[\frac{\partial^2 z}{\partial x^2}\right]_{x_0, y_0} \left[\frac{\partial^2 z}{\partial y^2}\right]_{x_0, y_0} < 0 \tag{A3}$$

이라면, (x_0, y_0)에서

(1) $z(x,y)$는 $\left[\frac{\partial^2 z}{\partial x^2}\right]_{x_0, y_0} < 0$일 때 최대이다. (A4)

(2) $z(x,y)$는 $\left[\frac{\partial^2 z}{\partial x^2}\right]_{x_0, y_0} > 0$일 때 최소이다. (A5)

(3) (A2)이면서 $D > 0$이면 $(x_{0.}\, y_0)$는 saddle point이다. (A2)는 임계점의 필요조건이다. 이 필요조건은 3 변수 이상의 다변수 함수에 대해서도 동일한 형태를 취한다. (A3) ~ (A5)는 2 변수함수의 경우 각각의 충분조건인데(3 변수 이상의 경우 충분조건은 어렵다), 우리는 앞으로 필요조건만 고려하겠다. Lagrange의 미정계수법은 부가적인 제약조건(constraint) 하에서 다변수 함수의 임계점을 구하는 문제를 해결해 준다.

3개의 독립변수의 함수 $f(x,y,z)$ 가 있을 때, f가 극치(임계치)를 갖을 필요조건은

$$df = \frac{\partial f}{\partial x}dx + \frac{\partial f}{\partial y}dy + \frac{\partial f}{\partial z}dz = 0 \qquad \text{(A6)}$$

이므로

$$\frac{\partial f}{\partial x} = \frac{\partial f}{\partial y} = \frac{\partial f}{\partial z} = 0 \qquad \text{(A7)}$$

이다. 많은 물리문제에서 변수 x, y, z 는 어떤 제약조건(constraint)을 만족해야하는 관계로, 독립적이 아니다. 이 제약조건을

$$\psi(x,y,z) = 0 \qquad \text{(A8)}$$

으로 나타내자. 제약조건을 반영하는 한 가지 방법은 (A8)에서 가령 z를 소거하여 $f(x,y,z)$에 넣어 $f(x,y,z)$ 대신에 $g(x,y)$를 가지고 극치를 구하면 될 것이다. 원칙적으로 보면 이 방법은 쉬워 보이나, 변수 소거가 어려울 때도 있고 다변수함수에 제약조건이 다수일 때는 더욱 어렵다. Lagrange의 방법은 이 문제를 우아하고 쉽게 해결해 준다. (A8)을 미분하여

$$d\psi = \frac{\partial \psi}{\partial x}dx + \frac{\partial \psi}{\partial y}dy + \frac{\partial \psi}{\partial z}dz = 0 \qquad \text{(A9)}$$

(A8)이 주어졌을 때 $df = 0$가 이제는 (A7)에 의하여 만족되지 않음을 주목하라. x, y, z 가 독립이 아니기 때문이다. (A6)와 (A9)를 사용하여 다음 양을 구

성하자.

$$df + \lambda d\psi = \left(\frac{\partial f}{\partial x} + \lambda \frac{\partial \psi}{\partial x}\right)dx + \left(\frac{\partial f}{\partial y} + \lambda \frac{\partial \psi}{\partial y}\right)dy + \left(\frac{\partial f}{\partial z} + \lambda \frac{\partial \psi}{\partial z}\right)dz = 0 \qquad \text{(A10)}$$

이 식에서 λ는 Lagrange의 미정계수 이다. λ를

$$\frac{\partial f}{\partial z} + \lambda \frac{\partial \psi}{\partial z} = 0 \qquad \text{(A11)}$$

가 되도록 정했다고 하자$\left(\frac{\partial \psi}{\partial z} \neq 0\right)$. 그러면 (A10)의 나머지 항에서 x, y는 독립이므로 다음 두식이 성립한다.

$$\frac{\partial f}{\partial x} + \lambda \frac{\partial \psi}{\partial x} = 0 \qquad \text{(A12)}$$

$$\frac{\partial f}{\partial y} + \lambda \frac{\partial \psi}{\partial y} = 0 \qquad \text{(A13)}$$

(A11) ~ (A13)이 만족될 때 $df = 0$이고 f는 극치이다. (A8), (A11) ~ (A13)은 극치좌표 x, y, z와 λ, 4개의 양에 대한 4개의 식이다. 따라서 이들 양이 결정될 수 있다. 우리가 원하는 것은 극치좌표이므로 λ를 결정하려고 할 필요가 없다. 이 때문에 미정계수법 이라는 명칭으로 불리운다.

$\frac{\partial \psi}{\partial x}$, $\frac{\partial \psi}{\partial y}$, $\frac{\partial \psi}{\partial z}$가 모두 0이면 λ는 결정될 수 없고 이 방법은 실패한다.

부록 B Sterling의 공식

Factorial 함수 $n!$(n은 정수, integer)을 적분으로 나타내면

$$n! = \int_0^\infty x^n e^{-x} dx \tag{B1}$$

(B1)은 다음과 같이 증명할 수 있다.

$$\int_0^\infty e^{-\alpha x} dx = \frac{1}{\alpha} \qquad (\alpha > 0)$$

위 등식을 α에 대하여 미분하면

$$\int_0^\infty e^{-\alpha x} x\, dx = \frac{1}{\alpha^2}$$

위 등식을 α에 대하여 다시 미분하면

$$\int_0^\infty e^{-\alpha x} x^2 dx = \frac{2}{\alpha^3}$$

이와 같이 반복하여 n번 미분하면

$$\int_0^\infty e^{-\alpha x} x^n dx = \frac{n!}{\alpha^{n+1}}$$

위 식에서 $\alpha = 1$로 놓으면 (B1)을 얻는다. 특히 (B1)에서 $n = 0$로 놓으면 $0! = 1$로 정의된다. n이 정수가 아닐 때에도 factorial을 적분 (B1)으로 정의한다.

$$(p-1)! = \int_0^\infty x^{p-1} e^{-x}\, dx \tag{B2}$$

(B2)에서 p는 꼭 정수 일 필요는 없고 (B2)는 일반화된 factorial 함수 이다. (B2)는 gamma 함수를 정의한다.

$$\Gamma(p) = (p-1)! = \int_0^\infty x^{p-1} e^{-x}\, dx \tag{B3}$$

(B3)를 한번 부분적분하면

$$\Gamma(p+1) = p! = \int_0^\infty x^p e^{-x}\, dx = p \int_0^\infty x^{p-1} e^{-x}\, dx$$

(부분적분 된 항은 0이 되므로). 위 식은 다음 관계식을 준다.

$$\Gamma(p+1) = p\,\Gamma(p) \text{ 또는 } p! = p(p-1)! \tag{B4}$$

(B4)는 factorial 함수의 반복관계식(recurrence relation)이다. 참고로, (B4)를 이용하여 $p < 0$일 때도 gamma 함수를 정의할 수 있다. 즉
$\Gamma(p) = \Gamma(p+1)/p$이므로 $\Gamma(-0.5) = \Gamma(0.5)/(-0.5) = \dfrac{\Gamma(1.5)}{-(0.5)^2}$이다.

예제 **$\Gamma(0.5)$를 계산하라.**

해 $\Gamma(0.5) = \int_0^\infty \frac{e^{-x}}{\sqrt{x}} dx$. $x = y^2$으로 치환하면 $\Gamma(0.5) = 2\int_0^\infty e^{-y^2} dy = \sqrt{\pi}$.

예제

$$I=\int_0^{\infty} e^{-y^2}dy=\sqrt{\pi}/2 \tag{B5}$$

를 적분표 없이 계산하라.

해

$$I^2=\int_0^{\infty} e^{-y^2}dy\int_0^{\infty} e^{-x^2}dx=\int_0^{\infty} dx\int_0^{\infty} dy\, e^{-(x^2+y^2)}=\int_0^{\pi/2} d\theta\int_0^{\infty} e^{-r^2}r\,dr=\frac{\pi}{4}$$

따라서 (B5)가 얻어진다.

● Sterling의 공식은 다음과 같이 표현된다.

$$n!\sim n^n e^{-n}\sqrt{2\pi n} \tag{B6}$$

이 식은 n이 아주 클 때 잘 맞는다. 이러한 식을 점근식(asymptotic equation)이라고 하며 등식 대신 기호 ~로써 나타낸다. (B6)의 증명은 다음과 같다.

$$p!=\int_0^{\infty} x^p e^{-x}dx=\int_0^{\infty} e^{p\ln x}e^{-x}dx=\int_0^{\infty} e^{-x+p\ln x}dx$$

$x=p+y\sqrt{p}$ 로 치환하면

$$p!=\int_{-\sqrt{p}}^{\infty} \exp\left[p\ln(p+y\sqrt{p})-p+y\sqrt{p}\right]\sqrt{p}\,dy$$

여기에서, $\ln(p+y\sqrt{p})=\ln p+\ln\left(1+\frac{y}{\sqrt{p}}\right)$이고, p가 매우 클 때는 둘째 항을 멱급수로 전개하여

$$\ln(p+y\sqrt{p})=\ln p+\frac{y}{\sqrt{p}}-\frac{y^2}{2p}+\cdots$$

따라서

$$p! = \int_{-\sqrt{p}}^{\infty} \exp\left[p \ln p - \frac{y^2}{2} - p\right] \sqrt{p}\, dy = e^{p \ln p - p} \sqrt{p} \int_{-\sqrt{p}}^{\infty} dy\, e^{-y^2/2}$$

p가 매우 클 때 적분은 $(-\infty, +\infty)$ 구간으로 연장할 수 있고 다음 식을 얻는다.

$$p! \sim p^p e^{-p} \sqrt{2\pi p} \tag{B7}$$

부록 C N-차원 구의 표면적

제 6장에서 (식 6.56과 식 6.60 사이에서 논의) N-차원 구의 표면적을 다음과 같이 구하였다. 구의 반경을 r이라고 하면 구의 표면적은

$$S_N(r) = \frac{d\Omega_N}{dr} \tag{C1}$$

여기에서

$$\Omega_N(r) = \frac{\pi^{N/2}}{\left(\frac{N}{2}\right)!}\, r^N \tag{C2}$$

은 구의 체적이다. 위의 두식에서 구의 표면적을 다음과 같이 나타낼 수 있다.

$$S_N(r) = \frac{2\pi^{N/2}}{\Gamma\left(\frac{N}{2}\right)}\, r^{N-1} \tag{C3}$$

위에서 factorial 함수대신 Γ-함수를 사용하였다. 구면 (spherical surface) 은 중심으로부터 등거리에 있는 점들의 집합이다. (C3)에서 $S_1(r) = 2$. 이것은 일차원 직선상의 한 점에서 같은 거리 떨어져 있는 점이 2개임을 나타낸다. (C3)에서 $S_2(r) = 2\pi r$, $S_3(r) = 4\pi r^2$, 잘 알고 있는 공식과 일치한다. 보통 3차원 공간에서 구의 표면적을 구좌표를 이용하여 적분으로 구할 때 적분 $\int_0^{\pi} 2\pi r \sin\theta\, r d\theta$가 등장한다. 여기에서 θ는 극각(polar angle)이다. N-차원 구에서도 $\sin\theta$의 멱을 적분하게 된다. 다음관계식들을 유추할 수 있다.
$S_1(r) = 2$라 하고,

$$S_2(r) = S_1(r)\int_0^{\pi} r(\sin\theta)^0\, d\theta \tag{C4}$$

$$S_3(r) = S_2(r)\int_0^{\pi} r\,(\sin\theta)^1\, d\theta \tag{C5}$$

이와 같이 하여 $S_N(r)$을 $S_{N-1}(r)$로써 표현하면

$$S_N(r) = S_{N-1}(r)\int_0^{\pi} r(\sin\theta)^{N-2}\, d\theta \tag{C6}$$

예제 $S_N(r) = S_{N-1}(r)\ \dfrac{Nr}{N-1}\displaystyle\int_0^{\pi}(\sin\theta)^N d\theta$**을 증명하라.**

해

$$\int_0^{\pi}(\sin\theta)^N d\theta = \int_0^{\pi}(\sin\theta)^{N-2}(1-\cos^2\theta)\, d\theta$$

두 번째 항은 부분적분하여

$$\int_0^{\pi}(\sin\theta)^{N-2}\cos^2\theta\, d\theta = -\int_0^{\pi}\sin\theta\ \frac{d}{d\theta}[(\sin\theta)^{N-2}\cos\theta]\, d\theta$$

계속 계산하면 주어진 등식을 증명할 수 있다.

문제

1 중력장하에서 유체가 정지해 있다. 또한 유체는 열평형상태에 있다고 하자.

그러면 이 유체는 에너지 관계식 $G+gz=const.$을 만족함을 보여라. 여기에서 중력 가속도 $\vec{g}$는 $z-$방향이며 G는 Gibbs free energy이다. (Landau and Lifshitz).

2 부록에서 유도한 Sterling 의 공식을 모르더라도, 다음과 같이 궁리할 수 있을 것이다. 다음 전개의 생략부분을 채워라.

$$\ln N! = \sum_1^N \ln N \simeq \int_1^N \ln N dN \simeq N \ln N - N$$

$$\frac{d\ln N!}{dN} = \lim_{\Delta N \to 0}\left[\frac{\ln(N+\Delta N)! - \ln N!}{\Delta N}\right] \simeq \frac{\ln[(N+1)!/N!]}{1}$$

Hint N이 매우 크므로 $d\ln N! \simeq \ln N dN$.
위에서 $\Delta N = 0$를 $\Delta N \simeq 1$로 놓았다.

3 The total number of microstates (Ω) associated with all configurations possible when N distinguishable harmonic oscillators share Q energy quanta is:

$$\Omega = \frac{(N+Q-1)!}{(N-1)!\,Q!}$$

Derive this result (Nash).

4 동전을 N번 던져 반은 앞면 , 반은 뒷면 이 나오는 경우의 수를 $W_{\max}$라 하자(앞면이 나오는 경우의 수를 H라 하고 뒷면이 나오는 경우의 수를 T라 하자).

반반이 아닌 다른 수로 나오는 경우의 수를 W 라고 하면, N, H, T가 모두 클 때 다음 식을 증명하라.

$$\log \frac{W}{W_{\max}} = -H \log \frac{H}{N/2} - T \log \frac{T}{N/2} \qquad \text{(A)}$$

반은 앞면, 반은 뒷면이 나오는 경우의 수가 가장 많다.
$\alpha \equiv (H-T)/N$으로 정의해 주면 이 지수는 어떤 결과의 상대 빈도를 나타낸다. α는 $-1 < \alpha < +1$의 값을 갖고 $\alpha = 0$의 경우가 가장 많을 것이다. $H = N(1+\alpha)/2$, $T = N(1-\alpha)/2$이다. N이 매우 큰 수라고 보자.
(A)에서, $W \simeq W_{\max}$ 근방에서, 다음 식이 성립함을 보여라. (Nash).

$$\frac{W}{W_{\max}} = e^{-N\alpha^2}$$

5 1kg의 물이 0℃에서 100℃로 온도가 높아졌을 때 엔트로피의 변화는 얼마인가? 비열은 1 cal/gm deg로 일정하다.

6 Van der Waals 기체에 대하여 엔트로피

$$S = C_V \log T + R \log(V-b) + const.$$

$T(V-b)^{\frac{R}{C_V}} = const.$를 증명하라.

7 Joule 팽창과 단열 팽창을 비교하는 문제. 각 과정에 대응하는 압력 변화의 비를 구하라. 팽창계수가 음이면 Joule 팽창에서의 압력 변화가 더 크다: $1 - pV\beta/C_p$. 이 표현을 유도하라.

8 식 (5.68)에서 피적분함수 $x^3/(e^x - 1)$ vs x을 graph로 나타내라(이 그림을 black body radiation 의 Planck spectrum이라 부른다).
Planck spectrum의 정점은 x=2.82임을 보여라. (5.68)은 온도가 높은 부분이 더 많은 에너지를 포함하고 있음을 보여준다. 이것이 Wien의 법칙이다.

9 $dW = x(dx + dy)$이다. 적분 $\int_{(x_1,y_1)}^{(x_2,y_2)} dW$를 다음 두 경로에 따라 계산하라.

가) $(x_1, y_1) \rightarrow (x_2, y_1) \rightarrow (x_2, y_2)$

나) $(x_1, y_1) \rightarrow (x_1, y_2) \rightarrow (x_2, y_2)$.

두 적분의 차이는 두 경로가 둘러싼 면적만큼 다르다.

10 미분식 $dW = -ydx + xdy + kdz = 0$($k$는 상수)는 적분 불가능함을 보여라. (적분인자가 존재하지 않는다.) [M. Born, Physik. Z. Vol. 22, 250 (1921)]

11 Joule-Kelvin 계수 $\eta = \left(\frac{\partial T}{\partial p}\right)_H$ (식 5.50)에 대하여 다음 식을 증명하라.

$$\eta = \frac{1}{C_p}\left[T\left(\frac{\partial V}{\partial T}\right)_p - V\right]$$

12 G, T, p를 기본변수로 하였을 때, 다음 변수들을 기본변수로 나타내라. S, H, V, F, U.

해 $S = -\partial G/\partial T$, $H = G - T\partial G/\partial T$, $V = \partial G/\partial p$, $F = G - p\partial G/\partial p$,
$U = G - T\partial G/\partial T - p\partial G/\partial p$

13 질량 m의 두 자유입자가 있다. 이 들은 직선상에서 길이 L인 구간에서만 움직일 수 있고 이 두 입자로 이루어진 계의 에너지를 E_0라 하자. 이 계의 위상공간은 (Γ – 공간) 네 개의 좌표, q_1, q_2, p_1, p_2로 나타낼 수 있다. 여기에서 p는 운동량, q는 거리 좌표를 나타낸다. 이 계의 에너지는 δE의 폭을 갖는다. 이 계에 허락된 위상공간을 기술하라. 그림으로 나타내보자. 허락된 공간이란 접근 가능한 (accessible) 공간이다. 거리 좌표 공간은 길이 L의 정사각형일 것이다. 운동량 공간은 어떠한가? 이 두 공간의 복합이 구하려는 위상공간이다.

14 n개의 상자가 있는데, 각각은 P개의 검은 공과 Q개의 흰 공이 들어 있다. 각각의 상자에서 한 개의 공을 뽑았을 때 뽑힌 n개의 공 중에 m개가 흰 공 일 확률을 구하라.
$p \equiv P/(P+Q)$, $q \equiv Q/(P+Q)$라 놓으면 구하는 답은 다음과 같음을 증명하라.

$$w_n(m) = \binom{n}{m} p^{n-m} q^m, \quad \binom{n}{m} = {}_nC_m \tag{A}$$

$\sum_{m=0}^{n} w_n(m) = 1$임을 증명하라.

평균치 $\overline{m} = \sum_{m=0}^{n} m w_n(m)$으로 정의한다. $\overline{m} = nq$를 증명하라.

Hint $(p+qy)^n = \sum_{m=0}^{n} w_n(m) y^m$에 착안하고, 미분한 식을 써보면

$n(p+qy)^{n-1}q = \sum_{m=0}^{n} m w_n(m) y^{m-1}$. 여기에서 $y=1$로 놓는다.

표준편차(standard deviation 또는 dispersion) $\sigma^2 = \overline{m^2} - \overline{m}^{\,2} = nqp$를 증명하라.

Hint y에 대한 식을 한번 더 미분한 식을 이용한다.

n과 m이 매우 큰 수일 때 식 (A)는 Gauss 분포가 된다.

Hint $x = \dfrac{m-\overline{m}}{\sqrt{n}}$으로 치환하면 n과 m이 매우 큰 수일 때도 x는 유한하다.

$w_n(m)$을 $w(x)$로 바꾸도록 한다. Sterling 의 공식을 사용하여 연산하면 (Margenau and Murphy)

$$\lim_{n\to\infty} w_n(m) = \frac{1}{\sqrt{2\pi\sigma}} \exp -\frac{(n-\overline{m})^2}{2\sigma^2}$$

15 질량 m의 입자가 일정한 중력장 속에서 운동한다. 이 계의 접근 가능한 위상공간을 그림으로 나타내라. 입자의 에너지는 E_0와 $E_0 + \Delta E$ 사이에 있다. (microcanonical ensemble).

16 다음 등식을 유도하라.

$$2\int_0^{\pi/2}(\cos x)^{m-1}(\sin x)^{n-1}dx = \frac{\Gamma\left(\frac{m}{2}\right)\Gamma\left(\frac{n}{2}\right)}{\Gamma\left(\frac{m+n}{2}\right)}$$

17 온도 T_0, 압력 p_0 상태의 기체를 단열 압축하여 온도 T_0, 압력 p_1의 상태가 되었다.
이 과정의 일을 구하라. 등온 압축과정을 거쳐 (가역적으로) 같은 상태가 되었을 때의 일은 얼마인가? 두 과정의 엔트로피 변화를 논술하라.

18 Lagrange 미정계수법은 어떤 제약조건(들) 하에서, 어떤 다변수 함수의 극치점을 구하는 문제를 제약조건(들)이 없는 무제약 하에서의 극치조건을 찾는 문제로 대치해준다. 극치점을 구하려는 다변수 함수를

$$f(u_1, u_2, \cdots, u_n) = 0 \tag{A}$$

m개의 제약조건을

$$\psi_i(u_1, u_2, \cdots, u_n) = 0 \ (i = 1, 2, \cdots, m) \tag{B}$$

이라고 했을 때, 미정계수 λ_i $(i = 1, 2, \cdots, m)$를 포함하는 극치조건식을 써라.

해 $$\frac{\partial f}{\partial u_k} + \lambda_i \frac{\partial \psi_i}{\partial u_k} = 0 \quad (k = 1, 2, \cdots, n) \tag{C}$$

위 식에서 반복 첨자 i에 대해서는 1에서 m까지 합쳐준다. 이 식을 유도하라.
(C)를 미분 꼴로 보다 간략히 쓰면

$$\delta f + \lambda_1 \delta\psi_1 + \lambda_2 \delta\psi_2 + \cdots + \lambda_m \delta\psi_m = 0 \tag{D}$$

위 식에서 함수 f 와 ψ 의 독립변수는 n개의 $(u_1, u_2, \cdots, u_n)$이다.
(D)와 같은 꼴의 식이 n개 있다. 이들 n개의 식에서 미지량은

$u_1, u_2, \cdots, u_n$과 $\lambda_1, \lambda_2, \cdots, \lambda_m$, 모두 $n+m$개이다. m개는 (B)가 제공한다. 따라서 극치점은 미지량 $u_1, u_2, \cdots, u_n$과 $\lambda_1, \lambda_2, \cdots, \lambda_m$을 포함하는 $n+m$개의 연립방정식의 해에서 결정되는데 $\lambda_1, \lambda_2, \cdots, \lambda_m$를 결정할 필요는 없다.

19 N개의 분자로 구성된 이상기체 체적이 2배가 되었다. 에너지는 일정하다. 엔트로피의 변화를 계산하라. $\Delta S = N\log 2$. 열역학적으로와 통계역학적으로 구하라.

20 등확율 보행 (random walk). 1차원에서 매번의 발걸음이 좌우로 같은 확률로 걸어진다고 가정하고, 1보의 폭이 L이라 하자. N보 후에 보행자의 위치는 x = mL이다.

여기에서 m은 정수(integer)이며, $-N \le m \le N$이다.

$P_N(m)$: N보 후에 보행자가 x = mL 위치에 있을 확률을 계산하자. n_1을 우측으로의 보행 수, n_2를 좌측으로의 보행 수라 하면 $N = n_1 + n_2$이다. $m = n_1 - n_2$라 하면 m은 보행자의 최종 위치를 준다.

$m = n_1 - n_2 = n_1 - (N - n_1) = 2n_1 - N$. p를 매 보행에서 우 보행의 확률, q를 매 보행에서 좌 보행의 확률이라 하자. (물론 $p = q = 1/2$이다.) 최종 위치는 다음 확률의 결과로 나타난다. 즉 n_1번 우행하고 n_2번 좌행하였으므로

$$p\ p\ \cdots\ p\ q\ q \cdots\ q = p^{n_1} q^{n_2} \tag{A}$$

위에서 p는 n_1번, q는 n_2번 들어 있다. (A)의 $(p\ p\ \cdots\ p\ q\ q \cdots\ q)$를 순열하여도 최종위치는 같다. 그러나 p를 순열 한 수와 q를 순열한 수가 중복되므로 최종위지의 확률은

$$W_N(n_1) = \frac{N!}{n_1!\,n_2!}\ p^{n_1} q^{n_2} \tag{B}$$

(B)는 N번의 등확율 보행 후에 우측 $n_1 L$에 있을 확률이다.

$n_1 = (N+m)/2,\ n_2 = (N-m)/2,\ p = q = 1/2$을 (B)에 사용하면

$$W_N(m) = \frac{N!}{\left(\frac{N+m}{2}\right)!\left(\frac{N-m}{2}\right)!}\left(\frac{1}{2}\right)^N \tag{C}$$

N, m이 매우 클 때 (C)의 log를 취하고 Sterling의 공식을 쓰면

$$W_N(m) \simeq \left(\frac{2}{N\pi}\right)^{1/2} e^{-\frac{m^2}{2N}} \tag{D}$$

(C)에서 (D)로 가는 과정을 수행하라. (See Kittel). 이 문제를 통하여 Gaussian의 확률적 의미에 접근할 수 있다.

참고문헌

- S. J. Blundell and K. M. Blundell, Thermal Physics, Oxford University Press (2010)
- E. Fermi, Thermodynamics, Dover (1956)
- K. Huang, Statistical Mechanics, Wiley (1966)
- C. Kittel, Elementary Statistical Physics, Wiley (1964)
- L. D. Landau and E. M. Lifshitz, Fluid Mechanics, Pergamon (1978)
- H. Margenau and G. M. Murphy, The Mathematics of Physics and Chemistry, D. Van Nostrand (1956), Chapter 1, 2, 12.
- L. K. Nash, Elements of Statistical Thermodynamics, Dover (2006)
- A. B. Pippard, Classical Thermodynamics, Cambridge University Press (1964)
- D. V. Schroeder, Thermal Physics, Addison Wesley Longman (2000)
- H. C. Van Ness, Understanding Thermodynamics, Dover (1969)

Kinetic theory:

- S. Chapman and T. G. Cowling, The Mathematical Theory of Non-uniform Gases, Cambridge University Press (1964)
- S. Gartenhaus, Elements of Plasma Physics, Holt, Rinehart and Winston (1964)
- D. R. Nicholson, Introduction to Plasma Theory, Wiley (1983)
- F. Rief, Fundamentals of Statistical and Thermal Physics, McGraw-Hill (1985)

Mathematical books:

- G. Arfken, Mathematical Methods for Physicists, Academic Press (1985)
- E. L. Ince, Ordinary Differential Equations, Dover (1956)
- I. S. Sokolnikoff and R. M. Redheffer, Mathematics of Physics and Modern Engineering, McGraw-Hill (1966)

Miscellaneous:

- The Boltzmann Equation Theory and Applications, Edited by E. G. D. Cohen and W. Thirring, Springer-Verlag (1973)
- R. F. Feynman, R. B. Leighton, and M. Sands, The Feynman Lectures on Physics Volume 1, Addison-Wesley (1966)
- N. T. Porile, Modern University Chemistry, McGraw-Hill (1993)
- E. Schrödinger, What is Life?, Cambridge University Press (2006)
- L. C. Woods, Physics of Plasmas, Wiley-Vch (2004)

찾아보기

G

H

I

J

K

L

M

N

P

R

S

T

V

W

정가 16,000원

열통계 물리학의 미학

2017년 1월 20일 초판 인쇄
2017년 1월 31일 초판 발행
저　자 : 李喜濟
발행자 : 우명찬 · 송　준
발행처 : 홍릉과학출판사
주　소 : 서울시 강북구 인수봉로 50길 10
01093
등　록 : 1976년 10월 21일 제5-66호
전　화 : (02) 999-2274~5, 903-7037
팩　스 : (02) 905-6729
e-mail: hongpub@hongpub.co.kr
http://www.hongpub.co.kr
ISBN: 979-11-5600-493-6

저자와의
협의하에
인지생략